多摩を耕す

宮岡和紀

多摩を耕す

宮岡和紀

はじめに

　私は太平洋戦争が始まる少し前に、多摩の貧乏百姓の子供として生まれた。百姓といっても明治中頃の分家で、田畑を所有していたわけではなく、まったくの小作百姓だったと思われる。それでも、祖父母は働き者で、また祖母は大神村（現昭島市）の富農の出で、その援助もあってか、一〇人の子供を立派に育てている。父は半農半勤め人で、恋愛結婚した母は、立川のオフィスに勤める、村では珍しい職業婦人だった。しかし私が二歳のとき病死し、そして戦争が始まると父は招集され、九州五島の国土守備隊（陸軍）に配属され、成人したばかりの叔父も予科練に志願した。

　働き手を失った田畑は六〇代の祖母が守らねばならなかった。そのため、就学前の私も、祖母を手伝い、畑で遊んだ。少年時代から、畑ごと、百姓ごとが好きで、自宅の庭に自分の「畑」や「田んぼ」を作り、種を蒔き、育て、そこで遊んだ。私の農業世界への繋がりは、ここいらを原点にしているように思う。

　しかし、私が中学を卒業する頃になると、上級学校への進学が普通になり、その受験勉強が始まると、農業への関心は一時薄れた。幸い、高校は都下の名門、立川高校に進学することができた。理数系が得意で、大学もその方面を考えていたが、学費を自分で用意する必要から、拘束時間の短い経済学部になっていった。アルバイトは家庭教師をするか、五、六人の中学生グループに英語や数学を教えた。高校進学が普通になっていたが、まだ進学塾のなかった当時は、これで学資を稼ぐことができた。

その大学での授業で私の人生を決める二つの授業に出会った。一つはサムエルソンの『経済学ＥＣＯＮＯＭＩＣＳ』で、微分や積分で経済現象を捉えるところが面白く、理系に進めなかった私の心を慰めてくれた。もう一つは「西洋経済史」で、世界の農業形態や村落のあり方が、多摩の農業や、生活のあり方と比較でき面白かった。中でも西欧の中世村落のあり方が多摩のそれに近いことに気付き、この農業の形態や生活を農業文化史として学び、研究する道を進むことにして、今日に至っている。

本書は、私の村――拝島の田畑を耕しながら、そして、多摩の、世界（地球―たま）の村々で、出会った出来事や史実、逸話を、農村文化史、農業社会史と絡めて紹介し、農業のあり方、作物の作り方、そして村や集落のあり方、そこに生きる人々を、「人間とは、人として生きるということは…、魂――たましいとはなんだんべぇ」と、多摩を耕してみようかと思っている…。

囲炉裏端の、ストーヴ周りの、田端の茶飲み話の種にしていただければと考えている。

そして、巻末に、やや場違いの感は免れないが、玉川上水の成立史に関わる私の村「拝島宿」の誕生論説を附記させて頂いた。一六年前に出した『千人同心往還　拝島宿の興亡』の拝島宿の成立史に、誤りがあり、それに気付き訂正したいと思ったが、教職を離れ、論文発表の機会のない百姓老人にとって、本書がその役を担ってくれる最後の機会と考えたからである。東京の水道史に関わる重要な史実なので、是非ページを繰ってほしいと願っている。

多摩を耕す／目次

第三章

第一章

くずっぱき

一面に散り敷く落ち葉に霜が凍っている。その落ち葉を踏みしめて歩けば、懐かしい昔の匂いがした。落ち葉の季節である。一年の月日の流れの速さに慄く日々でもある。

落ち葉は木々にとって新しい命への準備である。農家もそれを堆肥の材料にして来春の作付けに備える。化学肥料のなかった時代、この堆肥は糞尿と共に欠かすことのできない肥料であった。化学肥料一辺倒の農業になった現在でも、堆肥などの有機肥料は作物のまともな生育にはなくてはならないものとして見直されている。

理化学の発展や工業の進んだ日本の農業では化成肥料や殺虫、殺菌のための科学物質が簡単に手に入るようになり、それらへの依存が続き今や日本中の田畑はのっぴきならない状態になっていると言われている。田畑の地中には目に見えるもの、見えないもの、様々な生物が生息しそれが互いの生育を助け合い、押さえ合って、農作物の生育を助けてきた。その生きもの、微生物の相互生育、生存関係が破壊されているらしい。微生物の中には化学肥料さえ分解し、作物に有効なものに、植物が吸収しやすいかたちに変える働きをしてくれるもの＝有効微生物 effective microoganisms・ＥＭ菌もいるらしいが、その有効微生物・ＥＭ菌が過剰な化学物質使用のために激減し、その効能が機能しなくなっていると言われている。

このような、化学物質に依存し続けた田畑では、この生きもの＝ＥＭ菌の助けがなくなったため化学物質の有効物質への分解ができなくなり、たとえ作物が生育したとしても、その枝葉や果実に取り込まれた過剰な化成肥料の水溶液が、そのまま硝酸態窒素や亜硝酸態窒素という形で残ってしまうらしい。そんな農産物は、味が良いはずはなく、身体にも良くないのは言うまでもない。

こんなことを書くのは仲間を裏切るようだけれど、同じ朝市に出ている仲間から「おめぇんとこにねえぇんなら、もってけよ」と、プレゼントされる野菜の中にも、有機野菜で過ごしてきた我が家では食べられないものもある（ごめんね）。特に、ほうれん草や小松菜などは、有機栽培のものが黄緑色をしていて甘いのに対し、化成育ちのものは濃い緑色をして、一見、美味しそうに見えるが、食べると「苦く」違和感がある。この「苦さ」は化成肥料の水溶液の味ではないだろうか。

桜の葉

秋になって最初に紅葉するのは桜である。すると市民農園や家庭菜園の人たちが競ってその落ち葉を集めて堆肥作りを始める。ところが堆肥の材料として落ち葉なら何でも良いということではないらしい。桜の葉には他の植物の生育を抑制する酵素が含まれており、同様にひまわりの種の皮やコーヒー粕にも同じような酵素が含まれているらしい。これらの成分は堆肥にはむかないのだという。そのためか桜の木の下には雑草が少ないような気がする。

滝山下り

私の生まれ育った拝島あたりでは、落ち葉集めのことを「くずっぱはき」または「くずっぱき」という。拝島村は平坦な土地で、それも宿場町であったから、雑木山が小さく少なく、「くずっぱき」ができる場所がなかった。そのため多くの農家は、一族や親しい近所の農家が数軒で、多摩川対岸の山を買い、「くずっぱき」をした。リヤカーや荷車に大きな「くずっぱかご」を三個載せて、一日がかりの弁当持ちで、遠くは犬目村や川口村（現八王子市）まで出かけた。この仕事には子供が車の「後押し」の手伝いとして同行することがあった。子供たちは大人が落ち葉を熊手で集めている間、焚き火番をしながら過ごした。お茶のための湯を沸かして維持し、その間、アケビや山栗を採り、捕まえた赤蛙やカミキリムシの幼虫を焼いて食べるのが仕事で、まるでピクニックに来たように楽しかった。帰路もそのほとんどが下り坂なので仕事という仕事はなかったが、滝山丘陵から多摩川河原に降りる急坂でのブレーキ役と、大小の石がゴロゴロしている河原を抜けるとき、そして最後の堤防の坂を登るときの「後押し」が仕事であった。

中でも一番の仕事は下り坂でのブレーキ役で、命懸けの難関で、荷車に括りつけた綱を逆に引いたり、引きずられながら靴底でブレーキをかけた。

滝山の丘陵を下るルートは二本あり、宮下から切欠への「七曲り」を降りるか、加住小学校から高月の滝集落の西の端に降りる道のどちらかで、「七曲りルート」は遠回りだが坂がゆるやかなため、馬車や牛車が利用した。

リヤカー・荷車組の我が家は近道の「高月ルート」で帰った。ここは近道ではあったが急坂で、満杯の「くずっぱかご」を乗せて下るのはまさしく命懸けであった。特に梶棒の中にいる人は車が暴走したときには逃げ場がなく、谷に落ちたり、立ち木にたたきつけられて大怪我をしたとか、命を落としたという話を聞かされていた。おとうや兄ちゃんがそうならないように、それを避けるため坂の上で一息入れた。そして、この下り坂のために切り倒してきた長い生木をリヤカーや荷車の下に括り付け、車から長い尾っぽが生えたような急ごしらえのブレーキを設えた。そして、車を後ろ加重にし、その生木ブレーキを地面にズルズルと擦りつけながら下った。子供たちはブレーキの木から出た枝や車に付けた紐をつかんで制動を助けた。

この頃、ここの坂を下り切ったところに、正月に拝島大師で売るダルマを作る「だるま屋」があって、新聞紙を重ね張りしただけのハリボテや、目鼻がまだ塗られていない、のっぺらぼうのダルマが並べられ、干されていた。これも、「くずっぱき」に行き、そして、それが無事に終わった証の安堵の思い出である。

家に着く頃は短い冬の日はとっぷり暮れて、真っ暗闇の中で荷を解いた。庭いっぱいに落ち葉が積み上げられ、その匂いが長い一日の仕事を称え、疲れを癒した。

私は、「くずっぱき」をしなくなった今でも、落ち葉の中を歩いていると、落ち葉を踏む音やその匂いに逆らえ切れず感傷的になって、あの頃の長かった一日を思い出して、心の中に涙があふれてくるのを覚える。

落ち葉踏み、冬グミの赤く熟れ、渋甘きあの日々想う

（二〇〇六年一月）

お堂で暮らした人々（K君の鎮魂を祈って）

前回、昭和三〇年代半ばの糞尿処理に関わる出来事について書かせていただいた（七九頁）が、あの頃が、今とそれ以前の日本との境目であったように思われる。その昭和三六年の芥川賞受賞作は三浦哲郎の『忍ぶ川』であった。この本を読み返してみると、今の日本人の感性と異なる、私たちの心のふるさとのような心根に触れ、あの頃の日々が懐かしく思い出される。本書は文章も内容も稚拙で、今日ではとても文学賞の対象になるような作品ではないような言われ方をしているが、やはり受賞したということは、この作品の感性が当時の人々の心に触れ、感動させるものだったからだろう。作者だけでなく、この本を読んだ読者たちも、何と純粋・素朴で心やさしい、感動しやすい日本人だったのだろうか。

物語は早稲田の学生であった主人公が飲み屋で働く娘志乃に恋し、雪深い故郷で結婚するまでを描いたものである。中でも、橇の鈴の音を聞きながら迎えた初夜のシーンが当時の若者の胸を打ったのだという。もう一つ大切なことは、当時はエリートであった早大生が、大きな階層の溝を越えて、飲み屋で働く女性と結ばれるところである。志乃は空襲で焼け出され、住むところもなく、馬頭観音のお堂に住みついた一家の娘であった。あの頃、寺や神社の軒を借りて住むことは、浮浪者になるのを何とか踏みとどまる最後の手立てであった。

とりわけ観音堂や馬頭様のお堂は、寺に付属する施設ではあるが、寺本来の施設である本堂や庫裏とは異なり、集落などの地域共同体が直接利用し管理する場所であった。ここは住民が大数珠を回しながら「百万遍」を唱えたり、祭り囃子の練習場であり、また、若衆宿になったりする集会場を兼ねた場所であった。また、尼寺や、「瞽女宿」になっている「お堂」もあったらしい。そのような性格を持った場所であったから、家を失った貧窮者や家を持つことのできない貧しい分家層が集会場の世話係という名目で、いつの間にか住み着いてしまうという場所でもあった。最も本堂・庫裏でさえ、明治維新の際に、家禄を失った武士が住み着いて坊主や宮司となり、その末裔が社寺を「我が物」にしている例も少なくない。

私が今でもこの小説に心を残しているのは、私自身が貧乏と隣り合わせの学生で、それから逃れようと足掻きながらあの頃を生きたからだと思う。そして、少し豊かになった今も、あのもがいていた頃を懐かしく思い、貧しさが持つ悲しみや優しさが忘れ難く、親しみさえ持っているから…であろうか。

そして、あの頃のことを思うたびに、私の身近にもお堂で暮らすK君がいたことを思い出すのである。K君は母校山岳部の一年後輩で、その家族は立川市と昭島市の境にある寺の観音堂に仮住まいしていたという。間違っているかもしれないが、聞くところによれば、お父さんがレッドパージで職を失い収入がなく、彼と、一つ年上の姉がアルバイトで家計を支えているということであった。その姉さんは私と同じクラスで、着古し色褪せた服を着ていたが、目鼻立ちの整った美人で、放課後はキリスト教系の保育園で働いているという噂だった。寡黙な人で話し声を聴いたという記憶がない。K君は休日や放課後は多摩川で「砂利ふるい」をして学費、生活費を稼いでいるということであった。当時の砂利の採取は、大型の砕石機や四駆のダンプカーなどなく、河原に建てた日除けの葦や萱を載せた小屋の下で、コロ丸太の上を前後に移動させる金網の篩で砂利を選別していた。その砂利や砂を河原から運び出すのはトロッコだった。砂利を載せた重いトロッコを肩で押して、巻き上げウィンチのワイヤーの先端が届く本線レールまで出すのも「砂利ふるい」労働者の仕事だった。K君はきっとそんな仕事をしていたのだろう。彼の身体は赤銅色に日焼けして、筋肉は鋼鉄のように逞しく高校生のそれではなかった。少し訥弁で遠慮がちに話してはいたが、話す言葉とクリッとした小さな目の奥には底知れない自信があふれていた。トリコニー鋲を打った軍靴を登山用にしていたが、経済的に豊かな岳友たちに臆することのない活動をしていたのを覚えている。

彼の生活が安定したのは大学を卒業し、都立高校の物理教師になってからだったと思う。しかし、その頃から昔の山仲間と少し距離を置くようになった。同じ教職にありながら顔をあわせることもなくなり一〇数年が過ぎ、彼が行方不明になったという話を聞いた。しばらくして、彼が富山の融雪の中から遺体で発見されたという報せがあり、通夜に駆けつけた。そこで聞いた話によれば、数年前よりアルコール依存症になり療養と復職を繰り返していたということだった。そして、新学期を前に、依存症からの脱出と復職に自信を失った彼は死を覚悟で、雪の中を山に向かって歩いていったらしいということであった。富山には、彼が最も輝いていた青年時代、私たちと登った山々があった。

貧乏に勝てたのに、豊かさに負けてしまった…のだろうか。

（二〇〇六年一二月）

ジャック・アンド・ベティの日々

大学を出て、八王子市の東京純心女子学園に勤めていた頃、そこの短期大学の教授に小島善太郎という独立美術に属する老画家がいた。独立にはコジマという画家が二人いて、もう一人は児島善三郎で、二人はよく間違えられたため、作品への署名は善太郎がK.Z、善三郎がK.Z.Zであったという。その頃の小島先生は八王子市丹木町、現在の創価大学の北、山の根にあった大きな長屋門のある古い萱葺きの民家に住まわれていた。今日では風景は一変し、その長屋門があったところは広い道路に変わってしまったが、その道路に交差する昔からの坂道は今でも「善太郎坂」と呼ばれている。

自己紹介の機会があって、私が隣村の出身であることを知ると、先生は「あの人を知っているか」「彼は元気か」と昔（敗戦後）の拝島での飲み仲間の消息を尋ねた。その頃の先生は若いときからの深酒がたたり手の震えが止まらず、絵を描くのには差し支えのないものの、大学教授として書類を記入し、作成することには難渋していた。そして、親しみを込めて私に書入れを頼むのだった。私は老教授に頼りにされるのがうれしくて、書類作成の他、雨風の日など自宅まで自動車で送迎することを自らかってでたほどである。

小島画伯の酒好きは、それなくして自分の人生は語れないと自ら認めるほどであった。彼が滝山の丘陵を越え、多摩川を渡渉してまで拝島に来たのにはわけがあった。それは、ここには当時、他所では飲むことのできない酒があったからである。それも彼がフランス時代に嗜んだ洋酒で喉を湿らすことのできる場所があった。

それは進駐軍（駐留軍、主に米軍）施設への出入り業者が関係将兵を接待する場所となっていた料亭「山茶屋」であった。その頃はまだ、拝島駅の近くにも赤松の林があり、その赤松を巧く利用した日本庭園と、戦後の俄作りではあったが数奇屋風の家屋を設え、高級感と日本風を装っていた。ここには物資が枯渇していた当時の日本では、普通手に入れることのできないものがあり、高級酒が飲め、肉やあぶらの料理を食すことができた。

ここが普通でなかったのは、米軍基地に出入りする業者が、そこに関係する役人や米軍将校を、そしてその両者の間を取り持つ日系二世の兵士（通訳）をもてなす場所であったからである。そして、それ以上にこの料亭のオーナー自身が米軍基地の工事用資材（砂利）を納入する業者でもあり、基地出入りの利権獲得のからくりを知り尽くして始めた事業であった。また、米軍の放出品（ごみ）の処理を請け負い、とりわけ食堂から出る生ごみの搬出・処理をしていたので、村人たちの中には、ここを「残飯」と呼ぶ人もいたが…。これが何よりも、高級料亭「山茶屋」を成り立たせる鍵を握っていた。ここで働いていた人やその周辺にいた人の話では、この残飯処理に当時の日本では、通常の手立てでは手に入らない物資を「米軍基地」から手に入れるからくりがあったのである。

基地内の食堂の業者を買収し、あるいは子飼いの人間を従業員として送り込んで、…次のようなことをしていたという。

廃油の中に新しい食料油の缶を紛れ込ませ、残飯の中に新しい肉を混入させるという方法で、必要なものをゲートの外に運び出し、手に入れていたのだという。ゲート通過の目こぼしには二世兵士や

ＰＣ（日本人警備員　Police Constable）を買収したとも。残飯から取り出された肉は洗われてステーキになり、その一部は駅近くの、やはり彼が経営する日本人向けステーキ屋にも供給されていた。もちろん残飯そのものも金になった。これは銅壺缶に分けられ、東京の下町からやって来るおばさんたちの肩に担がれ運ばれて、肉入りの高級雑炊として売られたという。あらゆる物資が枯渇していた日本で、米軍の放出品はガラスのかけらから、ワイヤーの切れ端、空き缶、布切れまで、何から何までもが金になった。日米の経済力の差は、現在の価値でいうと総額五〇万円で建てた米人向けハウスの月家賃が五万円で、一年で元を取り戻せるほどであった。

小島画伯が「山茶屋」で飲むことができたのは財布に余裕があったからではなかった。戦後のドサクサ時代に絵を買う人などいるはずがなかったから…。しかし、ここにはものも、金もあった。茶屋の主人は、酒代の代わりに絵を描かせたのである。若き日の小島は高級酒に酔いながら庭の「つつじ」を描き続けたのだと思う。

あの戦後、私たちが学んだ英語教科書『ジャック・アンド・ベティ』の挿絵で見た…アメリカの物資あふれる生活が貧しい日本で実現するなどとは夢にも思わなかった。私たちが大人になり、しばらくすると日米が逆転するほど日本経済は大発展した。そして、日本人も残飯を「ごみ」として捨てるようになり、「日本人らしさ」も次々と捨てていった。

あの、あらゆる意味で米軍の塵や膿が支えた「山茶屋」があった場所には、今、高層のマンションが建てられ、赤松の林や庭園は跡形もなく消えてしまった。割烹「山茶屋」はそのビルの一隅にかろうじて名前だけは留めているが、昔の栄華を偲ぶものはもう何も残されていないように見える。ただエントランスの正面に飾られた小島画伯の「つつじ」の絵がここには不似合いなほど見事に咲き誇っている。

あの頃、先生を家に送ると、「あがれ、寄っていけ」と熱心に誘ってくれたが、若い私は恐れ多くて、一度もお邪魔したことはなかった。私が酒好きであれば、また心に余裕があれば老教授のお相手をして、帰り際に色紙の一枚も頂くところであったが、私のところには、節くれだった細く長い指が震えているのと、眼鏡の奥で微笑む色素の薄いひとみと、そして、柔らかく優しい物腰、そんな思い出が残っているだけである。

私が学園を去った後、小島先生も退職され、日野市百草に居を移された。死後、遺族より日野市に遺作寄贈の申し出があったが、市は展示すべき場所がないことを理由にそれを辞退した。それを青梅市が引き受け、市内滝ノ上町に建てた市立美術館に収蔵・展示している。

（二〇〇七年四月）

※その後、二〇一三年、日野市百草に小島善太郎記念館「百草画荘」が完成。

母校の教育

母校の地域同窓会（紫芳会）の宴席でのことである。卒業生でもある若い女子教員が挨拶した。彼女はその春、今や多摩地区の都立高の頂点に立ち、進学率を誇る八王子東高から母校に転任したと自己紹介した。そして母校の進学率が八王子東に大きく水を開けられ、かつて府立、都立のナンバースクールであった面影さえない母校の現状を憂い、自分が前任校で得た進学指導のノウハウを本校に伝えたいという抱負を語った。それを聞いた卒業生の面々は、この美しい女教師の話に、期待と賛同を込めた惜しみない拍手を送り、称えた。

しかし、私は「えっ」と驚き、「皆さん、本当にそう思うのですか。私たちの母校での日々をお忘れでは…」と思った。母校が名門校の名を喪失する契機になったのは、一連の学園紛争（七〇年闘争）の後、公立校の平準化のために取り入れられた学校群制度の導入であった。通学範囲が狭められ、たとえ内申点、入試成績が、成績が良くても学校群制度による振り分けにより、希望校への入学もままならなくなった。その結果、進学先を自ら選べることのできる私学有名高の人気が向上した。

その中で新設校八王子東高は学校群に属さず、独自の進学重視の教育指針を立てて成功し、西東京地域の公立進学校の雄となっている。そして、そのあり方を都立高校のあるべき姿として都教育委員会が評価した。その結果、「八王子東に追いつけ、追い越せ」という多くの後続校を生み、立川高校はその後塵を拝することとなった。今ではこの「八王子東」流がすっかり都立高校のあり方となってしまい、あの紫芳会の席でも歓迎の拍手を受けたのである。

私は教員生活の最後はその追従校の一つで過ごした。そこでの教育は、私が生徒として母校で学び、教師として生き、経験し、私を長い間支え続けてきた理念（信念か？）とは原点が異なっていた。そのため定年までの数年、その歳月をまるで「異国の丘に一人立つ」の想いで過ごさねばならなかった。

そこでの教育は競争に勝つことを第一義にしたものであった。勉強（試験）でも、クラブ活動（試合）でも勝つこと、強くなることを追い求める教育で、生徒も親もそれを求め、期待しているように思えた。このような時代、世界だから、学校は予備校化の速度を速め、教師の中にはこの期待に応えようと、印刷室に捨てられた反故紙の中から収集したそれを期末試験前に「過去問」として自分の関係するクラス、部活の生徒に手渡し勉強させるような人もいた。生徒の高得点、好成績は大学の推薦入学に、そして進学率に繋がり、自らの評価、昇進にも繋がっていた。

しかし、このような得点至上主義の学習の成果はその場限りのもので、人間としての成長に役立つとは考えられない。今、高学歴にも関わらず社会への適応ができず、メンタルな障害を持つ青年が何と多いことか。これは得点至上主義の末路で、得点至上主義の行く末が見えるように思えるのだが…。「でもしか教師」であった私には、立派な教育理念なんてものは持ち合わせてないが、教師生活の原点になったものは母校で受けた教育であった。それは今の都立高校を支配している教育とはまったく異なった基盤の上に立っていたように思う。私の知っている限り、少なくとも「学園紛争の頃」までの母校には、進学教育よりもっと大切にされていた本物の教育理念が学校の中に、生徒の間に、空気のように満ちあふれていた。

私は学園紛争の時代、一九六九年の生徒による校舎占拠（バリスト）という最悪の事態を経験する母校で五年間非常勤講師として教育の一端を担いながら、この学校の教師と生徒のあり方に触れ、その中から自分が教師としてどうあるべきかを決めたように覚えている。

私がここに採用されたそもそもの理由は、授業の中で学園紛争を操っていたという前任の講師を辞めさせ、卒業生である私に正常な授業をさせるためであった。でも、私を選んだのは教科の先生方ではなく、体育科の先生たちだったという。先生たちは私を母校ナショナリストと見ていた節があり、こぞって私を推薦したらしい。そのため着任時の私に対する生徒の目はどれも冷たく、敵対心さえ感じられた。

「普通の授業を」という要望に応えて、準備に準備を重ねて、知りうる限りの知識を教科書に添えて、渾身の授業を始めた。しかし、誰一人として授業に乗ってくる生徒はいなかった。教育実習や他校で経験したことのない苦しく悶々とした日が一ヶ月も続き、教師としての自信を失いかけていた。しかし、当時私はまだ二九歳で、熟年教師が圧倒的に多い母校では、生徒に最も近い存在であった。ある日、休み時間になるのを待っていたように悪戯っぽい目をした何人かが話しかけてきた。「宮岡さん…」と。母校では「先生」と呼ばずに「さん」付けで呼ぶのは、私が生徒だった頃と同じだった。「宮岡さん、俺たちが教科書を読解できないとでも思っているのかよ。そんなことはここでは必要ないよ。宮岡さんが一番面白いと思っていることとか、今、研究している最先端のこととかを話せば、みんな聞くよ」と教えてくれた。

「そうか。その通りだ」私も自分が生徒だったら、同じように思うだろうと納得した。

私は高校生までは数学少年で理科系志望であったが、アルバイトで学費を稼がねばならない貧乏学生だったので、拘束時間の少ない経済学部に進路を変えた。その中でも、心が惹かれたのは数学との関わりのある近代経済学であった。当時は「マルクス経済学」が大手を振って歩いていた時代で、「近経」を学んでいるとプチブルだといわれ、肩身の狭い思いをしたのを覚えている。その「近経」の授業に米国のサムエルソン（P.A.Samuelson）の『経済学ＥＣＯＮＯＭＩＣＳ』が東大や上智、慶応といった大学で取り入れられ始めていた。この本はその後、一橋大学の都留重人教授が翻訳し、全二巻の日本語版となったが、当時は、まだ和訳がなく、私が大学で使った授業資料を基に、辞書を引き引き、その主要部分「所得決定の理論」を抜き出し、立川高校と兼任していた東京純心女子学園用に『経済学入門』という独自の授業教材をタイプ印刷で作り、それを使って授業を始めた。公定歩合や財政支出の変化が国民所得ＧＮＰ（今ではＧＤＰ）にどのように影響していくか、それを社会科の授業の中で微分や積分を使い説明した。

すると生徒たちはノートを取り始めた。この部分が終わると、西欧の資本主義の成立や、英国の村落共同体の崩壊過程 Enclosure movement を、多摩の農村構造などと重ねて説明する頃になると、生徒の中には、私の家に遊びに来て、泊り込みで自分の考えを語る者も現れた。

同僚で先輩の数学の教師は、「あなたのお陰で、数学がどのような場面で使われるかが分かり、数学が好きになったという生徒が出てきましたよ」などと褒められたりもした。この授業はその後「都教組（高教組）」の教研活動で発表すると、国労の教宣部長だという人が「『マル経』を勉強してもこの国の経済の仕組みは分からないから」と、この教材を八〇部買ってくれた。また、小金井市の公民館講座に招かれ、二〇回ほどの講義を受け持つと、市民だけでなく、近くの大学生までが受講してくれた。ここでは、その後二〇回ほどの市民の自主講座も担当した。

私は三〇数年間の教師生活の間、学校により授業内容こそ違っても、受験のためではなく、学問の楽しさ、面白さを説き、立川高校での授業の姿勢を貫き通してきたつもりでいた。

当時の母校の教員は独特の趣がある人たちが多く、いわゆる絵に画いたような教師らしい人は少なかったように思う。中には酒びたりで臭い息を吐きながら授業をし、運動会のようなイベントではまったく生徒になってしまい、ステテコ姿で長距離走を走り二周もするとぶっ倒れる数学教師がいるかと思えば、加齢による歩行困難で、校舎の中でさえ自転車が必要で、それを押しながらようやく教室に辿り着く老教師もいた。それでも生徒はもちろん、保護者がその人たちを問題教師として排斥を求めるなどということはなかった。「進学対策はどうなっているのか」などという苦情が寄せられたという話も耳にしなかった。自分の進学というような些細なことを親に訴える生徒のいる場所やそのような生徒が呼吸する空気は存在しなかった。生徒たちは自主自立を第一に、どんな授業でもそれなりに対応していた。面白い授業には夢中になり、くだらないと思えば聴かなければよいと考え、それが教師に対する評価だった。授業の内容や教師の人間性には厳しかったが、ダメ教師の左遷を権力に頼むようなことは恥じた。精々教師にユーモアと文化の香りに満ちた渾名を付けるなどして楽しんでいたように思う。

受験勉強や進路決定に関しても授業や教師を利用することはあっても、頼り切ることはなかった。様々な文化を持つ教師や友人、その人たちに繋がる多くの人や文物に触れ、その中から自分の進むべき道を見つけ出していた。そんな生徒が多かったように覚えている。母校の生徒の気風はそんな自主自立の精神に貫かれており、それ以外に特別母校らしい教育指針や進学対策などというものは存在しなかったように思う。特に取り立てるとしたら個性豊かな教師が多かったことと、何よりも生徒が自律する力を持っていたということで、今考えれば一九六九年に起きた学園紛争を肯定するつもりは毛頭ないが、あれを起こしたエネルギーは他校の生徒がまねすることのできない母校の歴史に貫かれた自主自立の精神によるものではなかったかと思う。それが何よりも教育的で、その証拠に私の周りには多くの骨太で、胸襟の広い学友を見ることができる。

先日、バリストのとき一年生だった高校二四回生の同期会「フェニックス会」（帝国ホテル）に招かれた。兼任の非常勤講師であった私を、もう三〇年も招待し続けているのである。この会には、何故か母校以外の武蔵高校の卒業生が一人、常連で参加していたり、弁護士、医者、東大教授、百姓、主婦、翻訳家、テレビ司会者、建築家…、あいつも、こいつも、懐の深い、何もかも包み込むような、温かみのある、自慢したくなる連中ばかりである。

私は自分がよい教師だったとは少しも思っていない。今の都立高校にいたら、すぐ「クビ」になるような人間である。それでも、あの頃、あの母校に流れていた、あふれていたあの空気こそが、本物の人間を育てる教育だと信じている。

（二〇〇八年一一月）

「ピンコショ」なんて知らない…

「ピンコショ」なんて言葉、聞いたこともないだろうし、知っている人もほとんどいないだろう。「ピンコショ」というのは、Y字形の枝などにゴムひもを張り、小石などを飛ばす遊具のことで、普通は「ぱちんこ」と呼ばれている。「ぱちんこ」は現在七〇歳から八〇歳の昔の田舎少年にとって、「肥後守（折りたたみナイフ）」と共になくてはならない遊び道具で、誰もがポケットに忍ばせて、普通は小鳥や小獣を射るのに用いたが、的当ての競技をすることもあった。

その「ぱちんこ」を「ピンコショ」と言っていたのはあきる野市の多西地区（旧多西村、現在の草花、菅生など）の昔少年たちである。何故、また…。

「ピンコ」は「パチンコ」と同様、小石を打ち出す擬音「パチン」を「ピン」にして、状態、さまを表す接尾語「コ」をつけたもので、「ぺちゃんこ」や「ぶらんこ」の類であろう。しかし、「ピンコ」に付加された「ショ」は何なのか、英語のshot（打つ）とも想像するが、考えすぎというものだろう。

私はこの言葉の存在を知ってから、この言葉の所以を調べているが、それを使っていた多西の昔少年たちも、この言葉そのものを忘れていた人が多く、「ピンコショ」の使い初めやその意味を知っている人は誰もいなかった。ともかく、多西の子供たちが、他の誰もが使っている「ぱちんこ」でなく、「ピンコショ」にしたのは、「言葉の差別化」ということだろうと思う。「差別」は外部から差別されるのが普通だが、自らが「他（外）の者、他の世界」とは異なるのだと差別し、自らの集団の求心力にしたのである。多西の少年たちは自らを「ピンコショ」を使う者として括り、他の少年たちと区別したのであろう。何ゆえに…。それは、自分たち、グループの団結力を強め、維持する方法の一つとしてだろうか。

私たちが少年時代を過ごした戦後の世界は、経済、社会の発展がまだ未熟で、集落や村落といった地域共同体が生きていて、その共有財産（農具、冠婚葬祭の用具など）を使用し、共同体の組織（消防・夜警団、水利、葬式組、五人組など）の支援なしには生活することができなかった。この共同体関係を子供たちの世界で、その生活で論ずるなら、釣りなどの遊びをする川にも、三角ベースをする校庭にも、鬼ごっこやかくれんぼをする街路にも、子供たちなりの「なわばり」が存在した。どこかのグループに属さない限り、遊ぶことはもちろん、身を置く場所さえなかった。「ピンコショ」のような造語は、その共同体（組織）の一員である証に使われ、仲間だけで通用する言葉として仲間意識を強め、「仲間」共同体の求心力になっていたのだと思う。「ピンコショ」に限らず、これに似た、仲間である証の言葉や行動が子供たちの世界にはあった。

私が少年時代を過ごした戦後一〇年、一五年ぐらいは、まだ集落共同体が残っていてグループ「仲間」は近隣の農家の、年齢差が四、五歳ほどの一〇人余りの集団だった。私のグループの例では、世間では「パンパン」と呼ばれていた米人相手の女性たちを、「あいつはきっと〝ＯＫ〟だぜ」などと言っていた。また、夕方仕掛け、朝に取り込む「うなぎの漁」に行くときは、何故か、隊列を組んで、「夜の銀座あはあ…」と大声で歌いながら行進していった。

感受性の強かった私には、恥ずかしく、辛い行進であったけれど、仲間から外れたら生きていけない世界だった。

感性の異なった仲間の中で生きるのは辛いけれど、集落や村落などの共同体が生きていた時代は、その外側にも別の地域共同体があって、そこには仲間よりもっと恐い余所者という敵がいた。また、山川の自然の怖さ、突発事故の危険もあった。その敵や危険から身を守ってくれるのも仲間の防衛力だった。仲間である証を立てるためには意味のない言葉をしゃべり、わけの分からない歌を歌わなければならなかった。

これをしなくて済んだのは、経済力と権力を兼ね備えた大地主などを親に持つ子供であった。遊ぶ場所や道具も、遊び相手も親が準備してくれたから…。『野菊の墓』の政夫や、『しろばんば』の洪作の哀楽は私の心に響きはしたが、私が少年時代を過ごした「ピンコショ」の世界ではなかった。

かの、世界的音楽家、小澤征爾氏は少年時代を立川市柴崎町で過ごした。ピアノの手ほどきを最初に受けたのも、兄が通っていた我が母校、立川高校のピアノだったという。その頃、小澤君と一緒に遊んだという、母校先輩の一人、斉藤勲氏によれば、隣接の錦町の子供たちと対立抗争のときには、小澤君も斉藤兄弟らと一緒に行動したという。そこではどんな「ピンコショ」があり、どんな歌が歌われたのだろうか。

（二〇一〇年七月）

川で遊ぶ少年たちをもうしばらく見ない

映画『瀬戸内少年野球団』の監督、篠田正浩の作品に『少年時代』（藤子不二雄Ⓐ原作）がある。その冒頭のシーンは、富山の田舎の河原で遊ぶ少年たちが、東京から疎開してきた少年に目を留め、からかい、やがて仲間に引き入れてゆく…。多摩でも、私たちが子供の頃までは、子供たちは集落など、地域ごとに学年を越えて群れを作り、遊んでいた。

しかし、今では、田畑への行き帰りに目にする街の中、野原、多摩川で、（親子連れやスポーツクラブはともかくとして）鬼ごっこやかくれんぼ、野球、泳いだり魚を釣ったりする子供たちの集団をもうずっと見たことがない。今、多摩川や秋川で遊んでいるのは爺さんばかりで、川に最も関わっている漁協の組合員（私自身も秋川漁協の組合員である）の平均年齢は七〇歳を越えているかもしれない。川が汚れていた時代は終わり、水質は昭和三〇年代のレベルに回復しているのに…。河原には、「危険、川に入るな」と書かれた看板さえある。

そんな馬鹿な！　危険でない川などあろうはずがない。それでも、昔はそんな看板はなかった。子供たちは、富山でも、東京でも、多摩川でも、秋川でも、毎日毎日、川で、河原で遊んでいた。

私の家は多摩川の河食崖の丘の上に位置し、青々と風が渡る稲田の向こうに多摩川が見渡せた。夏休みになれば、川で遊ぶ子供たちの歓声が鮎の香りと共に風に乗って家の中まで聞こえてきた。土手の上ではアイス・キャンデー売りの自転車が定位置について、竿先に着いた幟が「早く来い」と風にゆれているのも見える。それを見れば、もう家の中で「夏休みの学習帳」に関わっているときではなく、すぐにでも家を飛び出したい気持ちになった。

するると、母親代わりの祖母が腕を押さえて、「一人で川に行くんじゃねえど。皆と一緒に行け、年上の人にくっついて、連れて行ってもらうのだぞ」と口うるさく言った。

上級生になればなったで、「年下の子から目を離すな、もしものことがあればおめぇの責任だぞ」と、くどくど言われたのを覚えている。

川の遊びは面白く楽しかったけれど、いつも危険と隣り合わせであった。急流に流され、深みにはまることもあれば、毒虫や毒針を持った魚、蛇もいた。そこは一人で遊ぶ場所ではなかった。常に危険を回避し、危険から身を守るためには互いに助け合う必要があった。年嵩（上）の者が年下の子に泳ぎ方や、溺れたときの対処の方法を教えた。泳ぎ方は今のスイミング・スクールの泳法からすればでたらめで、平泳ぎなどは「カエル泳ぎ」であったけれど、幾世代に渡り伝えられた危険な場所や危険回避の方法の教示は的確だったと思う。魚のいる場所、魚獲りの方法、瀬や淵といった川の流れの特徴や変化など、川に関する知識や知恵をどれだけ身につけているか、「俺はこんなことも知っている」「あんなことを知っている」子供たちはいつも自分の持っているものを競って教え合った。

そこは、ある意味では学校以上の学習の場であった。上級生が新しく習った知識や経験を披露すると下級生たちは尊敬の念を持ってそれを聞いた。親や友人から聞いた話も披露された。「…なんだって」「へぇー」「あんだかぁ」「すげぇ」。友達の失敗、褒められた話、手柄話、自慢話、親子喧嘩、夫婦仲や兄ちゃんや姉ちゃんの恋愛、嫁姑のあらそい。作物の作り方、牛や馬、山羊や豚、にわとりの飼い方、などなど。

特に、子供たちが飼っているウサギの繁殖の仕方については先を争って話した。「オスとメスを一緒にすると、どっすん、ばったん、きゅう、だ」と、下級生は一斉に「どっすん、ばったん、きゅう」と復唱した。そして歌った。「オッス、メッス、ドッタン、バッタン、キュッ」。

子供たちの間で話されたことは夕飯時の囲炉裏端でも復習された。親が「そんなことは他で話すじゃねぇぞ」などとたしなめれば、子供たちはこれは大事なことなのだと感じ、心の奥深くに仕舞い込むのだった。人生の中でどんなことが大切で、どんなことが意味のないことか。立派な生き方とだめな人生。子供たちは仲間の間で、家族の中で確かめ合った。子供たちの共同体は「川遊び」にはなくてはならない組織であったけれど、それだけではなく、子供たちがこれから人生を、生活を委ねている、委ねていく「世間」を学ぶ「学びの場」でもあった。

低学年の子供も、ひと夏を上級生と過ごせば、川幅の狭い淵を向こう岸までブレスなしで泳ぎ切ることができるようになった。私がそれに挑戦した日のことは今でも忘れられない。夢中で手足をばたつかせ、必死で泳いだ。呼吸が限界に来て、もういいだろうと立ち上がると、そこはまだ背丈を超える深さがあった。慌てて、また顔を水中に戻し、水を掻き続けていると、力強い上級生の手が私の腕をつかみ、浅瀬に引き揚げてくれた。顔の水をぬぐうと皆が笑顔で祝福してくれた。「一人前の子供になれた」誇らしい日であった。

夏休みが終わっても、子供たちのグループの結束は続いた。グループは村の子供の三角ベース（野球）や「S（の字）」という格闘技、小鳥捕り（バッサ、パッチン）の仲間でもあった。この集団は、村の子供が川遊びをし、魚獲り、野鳥狩猟をするためには仲間入りしなければならないものであった。しかし、川遊びのためという割りきったものではない。一つの目的のために組織されたゲゼルシャフト（Gesellschaft　機能体組織）でなく、生活のすべてを委ねている、子供たちの生活のすべてがこのグループなしでは展開しない、まさしくゲマインシャフト（Gemeinschaft　共同体組織）的集団であった。

だから、遊び場所（縄張り）を守るために、他のグループと戦い、ときには隣村の子供と石の投げ合いに発展することもあった。

拝島の子供たちは、釣り道具を調達するには、隣村の大神の「十一屋」とか、遠く小川（現あきる野市）の「とうふや」まで遠征した。その途中に通る村々で、その村の子供たちの襲撃を受けるのが普通だった。皆が助け合って、それを避け、それに抗して、釣り針や釣り糸を手に入れたのである。何事も一人では前に進まない世界（時代）だった。

このように、子供たちが川で遊ぶにはこの「子供共同体」の成員になることが何よりも条件であった。が、同時に、このことが、田舎の大人（集落共同体の成員）になるための第一歩でもあった。子供共同体は、中世の「小王国」のようで、君主である「ガキ大将」が仕切っていたが、法治国家でもあった。不文律ではあったが三角ベースにも、喧嘩にも、メンコやビー玉、べぇ独楽にもそれぞれのグループ毎の「きまりごと」があって、それにしたがって物事が進められていたように思う。

たとえば、三角ベースの場合、一塁ベースが電柱で、三塁はごみ箱、ホームベースがマンホールとか、下級生がバッターの時は、三球三振でなく四球におまけしたり、ゴロ玉を打たせたりした。この「きまりごと」は幾世代にも継承され、そのとき、そのときに事情に合わせて変化し、発展させていたように思う。

「きまりごと」はグループの歴史の中で変化発展したもので、大筋は地域共通のものであったろうけれど、細かいところはグループごとに異なっていたと思う。他の集落の友人に誘われて、そこに遊びに行くと、ルールが自分たちのものと異なり、思うように行動できなかったことや、メンバーの感性が異なり、居心地悪さを感じたことが思い出される。同じ村落内や学校区内でも、各々のグループにより価値観や倫理観、話す言葉にも差異があって、「きまりごと」とともにグループの文化となっていた。その差異が居心地の良さ、悪さにもなっていたのだと思う。

「ガキ大将」と有力家の子弟

子供の共同体（小王国）に君臨するガキ大将に誰がなったか。

ガキ大将になる資質は喧嘩の強さだけでなく、仲間が追従するだけの人柄、人望、実績が必要であった。普通、長男より弟のほうが大将になりやすかった。何故なら、グループ内での兄ちゃんの実績を弟が継ぐからで、力のある兄ちゃんを持つ弟が大将になったという「兄弟継承」がごく当たり前の継承劇であった。長男や一人っ子は、余程の力と人望がない限り大将にはなれなかったように思う。私自身はと言えば、長男であったからではなく、持つべきものを備えていなかったから「大将」

には縁遠かった。

では、有力家（大地主、事業家だけでなく、医者や教師）の坊ちゃんはどうであったか。親の力を後ろ盾に大将に、と考えがちだが、遊びや楽しみ、すべての生活の条件を親掛かりで準備してもらえる彼らは生活基盤が異なっており、グループ（子供たちの共同体）に依存していなかった。子供の生活のあらゆる条件を自分たちの手で獲得、維持しなくてはならないグループに入る必要もなく、「きまりごと」に拘束されることがなかった。彼らはグループの外にいた。

彼らは時として親の力を後ろ楯に威張り、「きまりごと」を捻じ曲げることもあったが、それは一時的で、有力者の意向の届く限りのことで、その外側にあるグループの中にリーダーとして留まることはなかった。「子供のことに親が出る」のは恥ずかしいことで、人心はすぐに離反した。映画『少年時代』にもそんなシーンがあった。

だから、有力家の子弟は、その権力や財力にすがる「取り巻き」を何人か持つことはあっても、「ガキ大将」になることはまずなかった。グループなしで生きられる彼らは、いわゆる田舎に住んでも、金（財力）の力で生活の条件を整えることのできる都会の人と同じで、「きまりごと」に縛られない自由人であった。

グループの中に君臨する「ガキ大将」のあり方はいろいろで、一概にこうだったとは言えないけれど、概して、その「子供王国」は不文律ながら法治国家であったように思う。「ガキ大将」といえども仲間なしには生きられない、グループに依存している存在であったから、幾世代に渡りグループの中で育まれてきた「きまりごと」を大きく逸脱して君臨するということはありえなかった。それでも

「ガキ大将」の人格、知識や倫理観がそのグループの文化や行動に影響力を持っていたことは確かである。良いリーダーに恵まれたグループの活動は楽しく、生き生きとして、その活動範囲も大きかった。

逆に、倫理観や合理性のない指揮はメンバーにとって迷惑なことで、無益な行動や犯罪に引き込まれる危険も包含していた。ガキ大将の言動も「きまりごと」から逸脱すれば批判が起こり、大将交代のクーデターも珍しいことではなかったように思う。

何故、今時の子供たちは川で遊ばないか

多摩川で遊ぶ子供たちの姿を見ないのは、多摩川が変わったからではなく、子供たちが変わったからである。川も確かに変わったけれど、川遊びの楽しさや川の怖さの本質は変わってはいない。気がつくと、川遊びを楽しみ、川の持つ危険を回避するのに役立っていた「子供たちの組織」がいつの間にか消えていたのである。

子供が仲間を作らないで、子供たちの組織なしに川に入るのは危険で、「危険、川に入るな」の立て看板は当然である。仲間がいなければ、川遊びは親掛かりで親子連れでしかできないのである。

遊び仲間や子供たちの共同体「小王国」が消えたのは、その基盤であった集落など地域の共同体が消えた理由と同じである。経済の発展により個人の収入が増え、生活のためのインフラ＝交通網、通信網、水道に下水道などが整備されると、生活のあらゆる場面を個人の力で解決することが可能になり、集落などの互助組織に依存しないで生きることができるようになったからである。日本中の人間

が昔の有力家や都会の人々と同じように「仲間のきまりごと」に縛られないで生活する自由を手にすることができるようになり、それを選んだのである。

そういう今どきの世界では、子供たちは勉強のための塾、スポーツや娯楽のためのクラブやジムなど、目的別の組織のメンバーになり、欲しいものを獲得するようになった。そこではすべてが親掛かりで、親に金を出させて「教えてもらう」、「遊ばせてもらう」という受身の世界で、昔の子供たちのように、欲しいものの実現のために仲間をつくり、その組織、集団を自分たちの力で運営していくような自主・自律の活動は影を潜めてしまった。

また、昭和三〇年代になると「子供会」活動が起こるが、これも「子供のことに親が出る」ことで、今になって思えば、幾世代に渡り引き継がれてきた少年たちの組織を踏みにじり、壊した運動だったように思える。その子供会のいずれも、かつての子供たちの共同体「小王国」のように、子供たちが全人格を委ね、その主体となって、自主・自律の活動を行うという力強い活動はなかったように思う。

かつて、日本の大多数の少年たちは、川遊びには必須の子供たちの共同体「小王国」を組織し、そのメンバーとして、様々な局面を乗り越えていった。たとえ難局に出会っても、皆が協力し合い、助け合いながら、自らの頭と身体で自主的に解決しながら大人になっていった。この共同体のメンバーとして生きることを通して、上下、前後の人間関係、組織の内外との関係、その中での我が身の処し方、様々な危険からの回避、問題解決の方法を実践的に学びながら大人になっていった。これが、日本人の大多数が田舎に住み、生きていたひと昔前の、普通の日本人の「人となり」であった。

今時の「大学は出たけれど」という言葉は、昔のように就職難を指しているだけではない。そのあとに「一流会社に就職したけれど」というフレーズが続いたりするらしい。

子供のときから学業優秀で、輝かしい将来を嘱望されていた青年が、職場の人間関係に悩み、家に引き籠ってしまった実話を身近なところでも何件か耳にしているが、昔はあまりなかったように思う。

私は、この「引き籠り」に限らず、今時、子供たちの周辺に起こる奇怪な現象の多くが、あの子供の共同体が消えたこととも関係しているように思う。

今時、河原だけでなく、町の中でも子供のいる家の周りでも子供の姿を見ない。もう低学年どころか、幼児のときから、習い事と塾に時間を取られ、子供たちが仲間をつくり、遊ぶ時間がないのだと思う。幼児から大学生まで、親掛かりの教えてもらう、遊ばせてもらうという受身の人生で、昔の子供たちが子供たちの共同体「小王国」の中で経験したような人間関係をシミュレーションする機会がなくなってしまった。

成績優秀な青年でも、実践経験なしで現実の社会に投げ込まれれば、どうすることもできず、戸惑い、家庭（親掛かり）に逃げ込むのは当たり前で、分かりすぎる道理である。

世の教育者は教育改革でこの問題を解決しようとしているが、「子供たちの共同体」に代わる機能を持ったものが再築されない限りこの問題の解決はないだろう。

また、子供が犠牲者になる犯罪が毎日報道されている。子供を親掛かりで抱え込む風潮の中で、何故そんなことが起こるのだろうか。これも「子供たちの共同体」の消滅が強く関わっているように思う。

その共同体が存在した頃は、常に共同体の外との抗争があった。警察力も未熟で、子供たちの周りには今以上の危険があった。だから、子供たちは内を固め、外に対する警戒心を常に備えていた。そして余所者を判別する能力を持っていた。言葉や文化、服装、身振りの違いなど、自分たちと異なるものを見分け、警戒する能力を身につけ、いつも磨いていた。仲間たちと競って磨いていた。

しかし、交通網と通信網はじめ、インフラの整備とテレビの普及、高等教育の普及は、地域の文化の溝を埋め、日本を一つの文化圏に平準化し、地域社会の個性を奪った。その地域社会を「世界International」という怪物が飲み込もうとしている。地域の壁を失い、外部からの侵入者の攻撃に曝されている日本の子供たちは、自分の手で自分を守る力を持たない。

日本は大切なものを失い過ぎた。『三丁目の夕日』や「ドッスン、バッタン、キュッ」の教育の場…。賑やかな子供の声が河原に、横丁に戻る日はもうないのだろうか。

（二〇一〇年九月）

「兄ちゃん」、「アンちゃん」

農家に限ったことではないだろうが、「兄ちゃん」、「アンちゃん」は総領、跡継ぎの呼び名である。これは兄弟姉妹間だけでなく、祖父母、両親を含め、家族、親族、近所の人々からも、一種の敬意と拘束をもって呼ばれる敬称である。立川や拝島では「兄ちゃん」だったけど、国立や府中など多摩の中でも「アンちゃん」と呼んでいた所もあった。この「兄ちゃん」たちが結婚できない、しないということをよく耳にするが、これをもう少し掘り下げてみようと思う。

今井正監督の映画『米』で描かれていたように、「家」が持っている生活基盤を相続する「兄ちゃん」の結婚の条件は東京オリンピック頃までは弟たちより優位にあったと、前にも書いた。しかし、よく考えてみると、受け継ぐのは生活基盤（食い扶持）だけではなく、社会的使命を持った「家」そのものである。「家」を継ぐ、継いだということは何か。現代の日本の農家（農家だけではないかもしれないが）の惣領の「嫁とり」の問題、その原点をそんなところで探してみたいと思う。「兄ちゃん」が引き継いだ「家」は、福祉制度が未熟な日本の社会にあっては、この「家」に生を受けた人々の寄る辺、母港であった。結婚し独立した家庭を持った人はともかくそうでない人は、失業、労災、傷病など不慮の禍の際や、老後の扶養、介護を頼み、墓に入れてもらう「実家」であった。独立した者でさえ、災害や離縁に出合えば、頼るのは「実家」であった。こういった「家」が持つ使命、義務を「兄ちゃん」は生活基盤と共に引き継ぐのであった。

兄弟姉妹からすれば、いや、それだけでなく、既に家を出ている叔父伯母、いや、また、祖父母、両親でさえ、「もしものとき」に頼りにするのは、世話になるのは、「それぞれの実家」である。それを相続するのが「兄ちゃん」である。

だから、「もしものときは、いつかは世話になるかもしれない」…「兄ちゃん」「アンちゃん」は兄弟の中で特別な存在で、一族の中では家長の次の地位に置かれていた。

戦後、拝島に嫁いで来た農家（中農）の夫人（大正末生まれ）がこんな話をしてくれた。

「嫁に来た頃の真夏、麦の脱穀を義父と夫（大正末生まれ）と私の三人でしていた。三時になると、義父が『跡取り息子』である夫に、『おめぇはもうあがっていいや』という。すると、夫は仕事を止め、風呂に入って、縁側から涼しい顔で私たちが続けている麦ぼうち（脱穀）を眺めてんだ。これとおんなじようなことは幾らでも…」と。

真夏に行われる麦の脱穀は、汗に麦の野毛が絡んで暑い上にチクチクと痛痒く、辛い仕事であった。この話には、嫁ぎ先の親にも夫にも「外から来た嫁への気配り」はないが、父親の息子、「兄ちゃん」である夫に対しては驚くような気遣いがあったことが表れている。

このように特別扱いで育てられ、大人になる「兄ちゃん」の中には、ともすればわがまま、「威張り屋」になる者もいる。特に田畑が多い中農以上の「跡取り」は、「他人の飯を食ったことのない」とか、「他所の雪隠で糞をしたことのない」という形容詞で揶揄される「坊ちゃん育ち」が多く、なかでも他所での「宮仕え」の経験のない人は他人を思いやる心が育たない。自分の振る舞いを周囲がどう評価するか、どう思うか、なんてことに心を向けることはない。そんな人は、それが他人の迷惑や不快になっていても、分からない、分かるはずがない。要介護になった豊かな農家の親爺の人騒がせな、やりたい放題が介護施設から聞こえてくる。「それはそうだろう。来るべきものが来た」と、その人の「育ち」を知っている周囲は得心するだけである。

今日でも、宮仕えの経験のない、学卒即就農の若い総領の中には、態度や言葉が尊大・不遜で、敬語の使えない人が多い。また、会社勤めをした人でも、早々と三〇、四〇代で退職し、地域の役員に就き、親方風を吹かす「兄ちゃん」もいる。

「つい、この間まで、親父がやっていたことを引き継いでいらぁ」「兄ちゃんの育て方が昔と変わってねぇからだんべ」と、私の周りでは結論されている。

しかし、御大尽、中農はともかくとして、貧農の「兄ちゃん」には苦労人も多い。

国立市谷保の福次郎（明治三〇年代生まれ、家内の祖父）は、次男であるが、長男が欠け跡取りとなった人である。少・青年期は他家の作代（作男）奉公に出た。

「二軒目の府中の奉公先は親切な家で、実家の畑が遅れているというと、次の日の仕事に差支えがなければと、夕飯後、実家に帰《けえ》してくれた。それから毎晩、走って実家に帰り、月明かりの畑を夜中まで耕した。真夜中に奉公先に戻り、寝る間はほんの少しだけだったけど、雇い先に迷惑を掛けることはなかった」と、そのときの奉公先のありがたさと、頑張りの感慨を話していた。

拝島の隣家のAも、明治三〇年代生まれの、次男の跡取りである。

「口減らしと、幾らかでも家を助けるために一四歳で子守奉公に出た。給金は年一二円で、盆暮れに一円とお仕着せが出た。一六歳で炭屋の小僧（年一七円）、一七歳で「中車」精米、製粉水車（年二三円）に奉公替えした。米が一俵八、九円の頃だった」と言っていた。

貧農の場合、田畑の面積が小さいので、必要労働力も少ない。父親が健在なら跡取りであっても、家を助けるために他家の飯を食い、働き、少しでも仕送りをするのが普通だったらしい。

同じ「跡取り」でも、その「人となり」は、貧農と中農より上では大きく違う。中農では「甘やかし」もありえたろうが、貧農では「我慢」と「努力」の青春だったようだ。

ただ、この二例が示すように、医療環境が未熟だった時代、子供が成人することが、必ずしも順調ではなかった。「家」にとって「跡継ぎ」を確保することは何よりも重要であったが、容易ではなかったことを物語っている。それゆえに、「兄ちゃん」となる人が貧富の差、育ちの差こそあれ、特別扱いで育てられたことには変わりなかった。

私の父は、七人の姉妹と三人の兄弟の、五番目に生まれた長男であった。次男は第八子であったが、五歳のとき事故死している。そして下の弟は第一〇子であった。そのため、貧農の子供であったにも関わらず、「大事な兄ちゃん」として育てられた。上の姉たちは、小学校を四年修了で、奉公に出ている。しかし、その仕送りのお陰で、父は（妹弟も）高等小学校を卒業した。青年時代は北多摩連合青年団の運動会の中距離走記録保持者で、その才能を見込まれて、早稲田グラウンドで大学生と共に練習をさせられたこともあったらしい。写真や伯母たちの話の限りでは、私の学生時代より豊かな生活をしていたようだ。今でも、我が家には父の「わがまま」の象徴として大きな革のトランクが残っている。

父は自分の要求が通らないと、これに衣服などを入れて、「家を出る」と家族を脅したと言う。すると、両親や姉妹たちは「兄ちゃんがいなくなっては…」と大慌てで、ことさら機嫌を取り、要求を通したという。こんな茶番が我が家の春秋だったというから、貧富では語れない例外もあるらしい。

それでは今日の「兄ちゃん」の立場は昔とどう変わったのであろう。

戦後の高度成長は賃金を上げただけでなく家族手当や住宅手当などが付与され、その気があれば、誰もが家庭を持てるようになった。健保、年金、介護、生活保護等の制度ができ、国民の誰もが最低限の生活が保障されるようになり、「実家」は出身者の「寄る辺」としての役割を終わろうとしている。「世話をする」「面倒を見る」という負担は軽減された。それでも完全になくなったわけではない。父母の老後や、独立することのできない障害者は、たとえ年金などの社会保障や補助があっても、介護施設、福祉施設があっても、実家を守る「兄ちゃん」の逃れることのできない重荷であることに変わりない。

その他にも、「村落」、「集落」など地域共同体の一員としておびただしい数の会費や奉賛金、寄付金を払い、祝い事、葬儀、法事の熨斗袋の数だって半端ではない。この金銭的な負担の上に、多摩では、「お伝馬＝ただ働き」とよばれる共同作業や近所の葬儀手伝い、祭りの運営など、労力、時間を提供する負担も残存している。

それにも関わらず、新憲法の下では遺産相続は兄弟平等である。

農家に「嫁」が来ないと世間では言うけれど、結婚していない農家の「兄ちゃん」たちと話していて分かることは、兄ちゃんたちに結婚しようという気が、気概がない人が多いということである。自分が引き継いだ実家に纏わる不公平をどうすることもできない重荷と考えているのである。この重荷を結婚相手に受け止めてもらわねば、結婚はできないと…。その難関の前に立ち尽くし、「そんなことはできっこない」、「そんな面倒臭いことをするなら、結婚なんかどうでもいい」と投げ出してしまったのが一概に言えることではないが、本当の理由ではないだろうか…。

しかし、この難関の向こうに、農業や田舎生活の他の世界にはない楽しみや喜び、幸せもあることに気付かねばいけない。農業者にとって結婚するしないに関わらず、その幸せをどう創り上げていくかが大切である。その気概があれば、「それを二人で…」と、誘えるはずである。…川に棲む「イトヨ」でさえ、巣作りをして、メスを誘うではないか。

それができないのは彼らの生い立ちが、昔ながらの…、今ではそれ以上の「跡取り」確保のための「坊ちゃん育ち」だからではないだろうか。相手を思いやることも、彼女の気持ちを推し量ることも、そして「幸せ」を語ることも、訓練されていないのではないだろうか。だから「そんな面倒なことをするくらいなら…」で終わってしまうのである。これでは、結婚だけでなく、人生を創り、楽しむこともできないのでは…。

私には、九三歳になる叔母が一人いる。その叔母が私に向かってこんなことを言うことがある。「私が近所の人と話をするとき、昔話を堂々とできるのは、お前が頑張って、実家（うち）を盛り立ててくれるからだよ。ありがとよ。これからも頼むよ」

私も貧農の「兄ちゃん」として、いろいろと背負ってきたが、叔母のこの言葉はそのご褒美である。田舎暮らしは重荷を背負っていても、一人ではない。誰かが見ていてくれる。誰かが評価してくれる。重いけどうれしい重荷である。掛け替えのない喜びである。

（二〇一一年九月）

「茶も出ねえ」

私は酒が飲めない。農村に限ったことではないが、地域でも、職場でも、酒が持つ役割は大きい。冠婚葬祭のような特別なときだけでなく、普通のお付き合いでも、酒なしで、日本の社会が動いていくことはない。それは分かっていても、私はだめなのである。農村社会では尚更であるのに。父も、祖父も、叔父や弟も大酒飲みだったが、多分、私は、二歳のときに死んだ母の血筋なのだろうけれど、まったくの下戸である。それでも、何とか人並みになりたくて、ウィスキー、ワインと、いろいろと買い集め挑戦してみたが、だめだった。

その結果、飲み物といえば「お茶」ということになった。お茶といっても「表」とか「裏」とかいう高尚なやつではなく渋茶で、集落の新年会でも、稲荷講、御嶽講、農協総会の慰労会、また同級会など、「村社会」の付き合い酒は、すべてアルミのヤカンでいれた「お茶」で濁している。「村」以外の付き合いも、「ヤカンの」…てことはないが、すべて「お茶」である。だからお茶は私にとって何物にも変え難い存在なのである。

百姓生活の中でも、「お茶」「お茶飲み」は重要事項である。

特に力仕事の中休みの「オコジュ（小昼飯、こじゅはん）」に飲むお茶は百姓にとって何よりの潤滑油である。畑中での、この飲食があるから疲れた身体を回復させ、再び仕事に向き合うことができるのだと考えられてきた。私が子供の頃までは、この「オコジュ」を運ぶ役割は、どこの家でも小学生の男の子が担当していた。

「学校終わったら、遊んでねえで、まっつぐ帰《けえ》るんだぞ。」「畑や田んぼのお陰でおめえら腹いっぺえ飯が食えるんだから」

戦争が終わって一五年、二〇年ぐらいは、多摩川沿いのどこの村でも、村落が位置する多摩川の河岸段丘の端から鉄道の駅までのおよそ一キロの間は家などなく、麦畑、芋畑、桑畑が広がって、今のように簡単に茶水を手に入れる施設や自動販売機などなかった。

湯茶を入れた大きなヤカンを片方の手に、蒸かしサツマイモ、それがないときに「おやき」や「サツマダンゴ」を包んだ風呂敷包みをもう一方の手に持って運ぶのである。私のところでは、青梅線、八高線を越えた玉川上水に隣接する遠い畑もあった。両手に重荷を下げて三〇分の道程は、小学生には厳しかった。途中で躓いて湯茶をこぼすこともあった。農家以外の子供たちにちょっかいを出され、風呂敷の中身を落としてしまうこともあった。そんなとき、お茶が来るのを「まだか、もう来るか」と待っていた父ちゃんや兄ちゃんから、「何してたんだ。仕事している者のことを考えたことがあるのか」と言って、ほっぺたを張り飛ばされることもあった。

こんなことがあって、非農家の子供たちが遊んでいるのを見て、うらやましいと思うことはあったが、それでも、その頃の私には百姓以外の生活は考えられなかった。畑や田んぼで家族一緒にお茶を飲むひとときは幸せだった。空に揚げひばりが囀り、白い雲が浮かんでいる。風が麦や稲穂をさざなみのようにして通り過ぎて行く。子供心にもそれを幸せだと感じることができ、怒鳴られてもひっぱたかれても、いつか立派な百姓になることしか考えなかった。

この「お茶」にまつわる思い出でうれしかったことは、他家の人たちがお茶を飲んでいる庭や畑の近くを歩いていると、「カズキさん、おめえも一緒にお茶飲んでけ！」と声をかけられることだった。そう言って、初めてお茶に誘われたときのことは今でも思い出すと、幸せな気持ちになるほどである。小学校の高学年か、中学の一年生のときだったように思う。どうしてうれしかったのか。それは一人前の人間として認められたように感じたからで、そして何よりも、そこのお母さんからの誘いだったからである。二歳で母をなくした私は、母性には弱く涙が出そうになるくらいうれしかったのを覚えている。

この頃は、百姓でも自動販売機で清涼飲料水を買い、ラッパ飲みにしている人が多くなった。家族や夫婦が畑中でお茶を飲んでいる風景に出くわすことは少なくなったが、それでも「宮岡さんもいかがですか」と声をかけられることもある。こんな呼び掛けをしてくれる人たちは、「誰かとの出会い」を予測して、余分に茶碗を用意しているのであろう。そんな人に出会うと、私もそんな生き方ができるようにならなくてはと思うのである。

こんな奇特な人がいる一方で、「お茶も出ねえのよ」と話題になる事例もある。「改まって訪問したのに…」。

改まった訪問なので酒を出して迎え、応対すべきなのに、お茶のもてなしもなかったと嘆き、相手の自分に対する評価の低さを嘆き、相手の非礼、非常識を非難しているのである。非難するというより、その人に相手にされない人間関係を嘆く気持ちが表れている。

私の家では、野良着のままでも訪問者を迎え入れることができるように、庭に二ヶ所テーブルと椅子を並べ、陽除けのパラソルを用意している。滅多なことでは酒は出さないが、渋いお茶ぐらい飲んでもらおうと…。お待ちしています。

（二〇一三年九月）

第二章

小さな違いと大きな違い

農業では、微妙な差が結果として驚くような大きな差になって現れることがある。

この多摩の田畑、特に畑は富士や箱根の火山灰が積もったローム層の上に広がっていると言ってもよい。しかしその畑は一様ではない。富士山に近い八王子や相模の土は、粒が大きく水はけの良い、扱いやすい耕土である。しかし、少し山より離れた多摩川の北岸、拝島や立川の段丘より東になると、粒子は小さくなり、雨が降れば粘りやすく、乾けば風に舞いやすい。今のように都市化が進む以前、東京オリンピック（一九六四年）頃までの春先、強風の日にはこの赤土、ロームが巻き上げられ、空全体が真っ赤になったのを覚えている。そんな日、この地域の建造物で一番背の高かった立川高校の塔を登ると、北の空に何本もの竜巻が立ち昇っているのが見えた。

春の強風時には、土嵐となり、一日で一〇～一五センチの土の吹き溜まりができることもあり、また、雨や霜解けのときには、土は重油を流したような泥濘となって四駆の車でさえ立ち往生するほどである。そんな風の日に畑にいると、鼻でも耳でも穴の開いているところのすべてに土が入り込んでくる。地下足袋や下着の布目さえすり抜け、全身が泥だらけということもあった。そんな日に備えて我が家では、野良着用の洗濯機をもう一台、戸外に用意している。

さらに東に離れた清瀬や練馬になると、粒子はさらに微細になり、同じ多摩であっても、多摩川の北と南では農具にも微妙な差がある。

たとえば鍬。柄の取り付け角度が微妙に違い、角度が数度広い「八王子鍬」を北岸の私が使うと、何となく地面に突き刺さるような感じで、スムーズに耕耘することができない。

「肥笊《こえざる》」、これは堆肥を施すときに用いる笊であるが、八王子型は高さが三八センチであるが青梅型は四二センチと背が高い。現在でもその両方が売られており、価格五〇〇〇円と五五〇〇円、五〇〇円の差になっている。

同じ多摩でも、風土に差があり、それが文化にも及び、人の心の機微の差になって現れている。立川高校に入学した直後、自分と友人たちの言動の差に、戸惑いを覚えたことを懐かしく思い出している。特に言葉やその抑揚には差があった。

私が気付いた一番の違いは ask や want の意味である「くれ」を、西多摩の、それも特に秋川筋では「けれ」とか、「けえ」と発音する。今でも、あるいは先祖がえりしたのか、「おめえ、おめえ」と私に話し掛ける大先輩が野菜を買いに来てくれるのだけれど…。

微妙なことと言えば、この冬の天気が農業に与えた影響はとても大きかったように思う。天気そのものは村山予報官（母校の山岳部の後輩）にお任せするとしても、作物への影響は夏だけに留まらず、秋も異常だったと百姓は思っている。何時になく気温が高く、雨量が多かったように思っている。そのため、一一月はじめには暮れや正月用の野菜、ほうれん草、ブロッコリー、大根、人参、白菜が一度に収穫状態にまで成長し、価格は暴落した。各市町の産業祭では半値で投げ売りしても、売れ残るものが出る始末であった。一一月を過ぎ、一二月初旬まで高温多雨の状態が続き、白菜や葱が腐り始めている。私の白菜畑は外葉が腐り、芯だけが白く残り、まるで墓場のように惨めな姿になっている。また葱に「赤サビ」と「黒アブラムシ」がついて一、二日のうちに作物が姿を消してしまう病気も蔓延している。私のところに「葱が消えた」と「こんなことは初めてだ」と原因を聞きにくるお年寄りもいるほどおかしな秋である。そして、正月野菜は暴騰するのではないかと新米農夫は思うんだけど…はたして…。

（二〇〇四年一二月）

サウダーデ（孤愁）の国、ポルトガル

近代の日本を世界に発信した人に、小泉八雲（ハーン）がいるのは誰でも知っているが、もう一人ポルトガル人のモラエスがいることを知っている人は少ない。彼は海軍士官として、近代の夜明けが始まったばかりの日本を何度も訪れ、この国に惹かれ、この国に領事として移り住み、ついには日本女性と結婚して徳島で生涯を終えている。彼は日本人が故国の人々と同じ「サウダーデ・孤愁」という感性を持つ数少ない民族だと評価している。

まがりなりにも、農業文化を勉強している私としては、夜明け前の、農業社会の日本人の感性サウダーデを知るためにもポルトガルの田舎を見てこなければならないと、昨年一二月初旬、妻をナビゲーターにレンタカーを走らせた。

ポルトガルとスペイン

この国や隣国スペインの景観が、日本やイギリスなどと異なるところは村や町が丘陵の上に展開していることである。フランスにもシャルトルやアンゴーレムなどケスタ丘の上に発展した例もあるが、この傾向はヨーロッパを南に行くほど、イベリア半島を南に行くほど強まるように思える。

漁村や港町はともかく、海から少しでも離れると集落は緩やかに起伏する丘や低山の頂上付近に広がっている場合が多い。日本では村落（集落）は給水を考え、強風を避けて日当たりの良い谷あいに

立地しているのが一般的である。ここでは地下水の利用が容易なのかもしれない。私たちが行った時はちょうど大雨の後で、路傍に水が湧き出しているのも散見できたし、また小さな村や町には大規模な水道橋もなかったから「ケスタ」と呼ばれるゆるやかに傾斜した地層の傾きが地下水の湧き出しを助けているのであろう。

スペインとポルトガルは景観が似ているかと言うと、日本の山陽と山陰ほどの違いがあるように思う。もちろんポルトガルは山陰である。さらに人柄や街の雰囲気となると、対照的な違いがあると言っていいほどである。ここはサウダーデ（孤愁）の国で、フラメンコの国ではないのである。「孤愁」とはどのような感性なのか確かではないけれど、私がこの国で見聞した限りでは、その孤愁は女性より男のほうに強く感じられた。街や市場やカフェ（コーヒー店）であった男たちは一様に寡黙で沈鬱な風貌の人が多いように感じられた。それに対し、女性は活発で、英語が上手な人が多く、また英語が話せなくて、相手がポルトガル語を理解できなくても、自国語で道聞きに答えたり、料理の説明をしたりと積極的で活発だった。男たちが女房や娘にややこしいことを押し付け、逃げてしまうのがこの国のあり方のようにも見えた。

ここの若い女性が話す上手な英語は今回の旅で道に迷った私たちを幾度となく助けてくれた。日本のガイドブックには「英語を話す

大きなかぼちゃが並ぶ市場

人は少ない」とあったが、パソコンの普及は共通語である英語の急速な普及を推し進めていると、道聞きついでに話をしたタクシー運転手が言っていた。

この国の人がスペイン人より英語を話すもう一つの事情は歴史にある。スペインとポルトガルがあるイベリア半島は八世紀にイスラム教徒に征服支配された。キリスト教徒はピレネー南麓に追い込まれて、多数の小国に分かれていた。両国はそのキリスト教徒が国土を奪い返してできた国である。

スペインはこの国土回復運動（レコンキスタ）の終わりまでに併合を繰り返し、大国に成長し、隣国ポルトガルをも幾度となく吸収しようとするほどの勢力を持った。ポルトガルはその危機のたびにスペインの宿敵イギリスに助けを求めた。しかし、その結果イギリスに追従することを余儀なくされ、近代以降、この国の文化や法制にイギリスの影響が色濃く見られるのはそのためで、英語が通じるのもそんな歴史からであろう。

道路交通のこと

同じように、私たちが気付いたことは道路交通のあり方が英国流であること。もともと道路交通、特に自動車の運行については、信号優先のアメリカと個人の判断を優先するヨーロッパの対照的な二つの流れがあった。そのヨーロッパの中でも、自動車交通の先進国であるイギリスは民主主義の先進国でもあり、「運転者や歩行者の判断を尊重する」という、先鋭的な交通倫理、思想があるのだと思う。一番の良い例は交差する道路の交通を信号でコントロールするのではなく、交差点にランドアバウトと呼ぶロータリーを設け、車を停止させることなしにそこへ導き、周回させて各自の進むべき道を選択させる方式である。この方式の下では、信号はあっても補助的な存在でしかない。

ポルトガルではこの方式をイギリス以上に徹底しているように思える。数少ない例外を除けば、大半の道は車の方向を転換するのにはこのランドアバウトを経なければならない。つまり対向車線を跨いだり、横切ってはいけないのである。道路の右側を走ってきた車が左側にある駐車場に直接左折して入ってはいけないし、自宅の車庫から左折して道路に入ることも禁じられているのである。この場合は、一旦、次のランドアバウトに行き、方向転換をすることが求められている。町や村の端には必ずこの施設が設けられている。田舎道を走っていてもここかしこに「三〇〇メートル先Uターン可」や「四〇〇メートル先Uターン可」という白い標識を良く見かけた。この道路規制は出会い頭の衝突の危険を少なくするけれど、自動車のスピードを上げる結果となっている。道を知らない私たちは何回となく後続車にどやされることとなった。

市場

この国の田舎道を走っていると、田舎だけでなく首都リスボアでさえ、近代の夜明け前の風物をここかしこに見ることがある。その一つが「青空市」「露天市」である。

ヨーロッパの歴史ある都市には必ず大聖堂があり、そして、その前に広々とした広場がある。この広場は「マルクップラーツ」とか「マルキトプラザ」と呼ばれているが、英語で言えば「マーケットプレイス」、市場である。ここは中世の時代、商人や生産者が直接商品を運び込み、並べ、商いをした場所である。今回のポルトガルの旅ではまさしくそんな風景に毎日のように出会った。イギリスやフランスの田舎でも見かけ、日本の観光地にもあるが、そんな程度のそれではなく、ここのものは規模が桁違いに大きく、現在も中世の風景を感じさせるような生き生きとした「市場」の有り様を見ることができた。

日本の旅行案内書には唯一、カルダス・ダ・ライーニャの朝市が紹介されていたが、毎日開かれるからであろうが、規模が小さく、これを紹介しているのは他を見ていないからではと疑いたくなる。私が見た最大のものは、天正少年使節団が接待を受けたとされる「白鳥の間」を持つマフラの宮殿から車で一五分ほど東にあるマルベイラの「月、木曜市」で、昔の八王子の「お十夜」や「拝島の大師の市」の数十倍の規模であった。その大きさを立川の町で表すなら、南口大通りと諏訪通りの間、駅から奥多摩街道までの規模ではないだろうか。道を埋め、空き地を埋めて、野菜、生魚、衣料品、道具、機械、苗木など様々な商品が露天で商われるのである。女たちが大声で客引きをしている。「チンケーロ」「チンケーロ」「五ユーロだよ。安いよ。買ってきな」と叫んでいる。人がぞろぞろ歩いていて、戦後の闇市の人通りのような賑わいであった。「チンケーロ」。また女たちが声を掛けている。

野菜産直販売

私は庭先で野菜を無人販売している。代金は「御菜銭箱」の中に入れてもらう方式である。時々代金が少ないように感じることもあるが、これが成り立つのは日本人の良心の表れだと誇りに思っている。私が親しくしている友野典男明大教授も、世界にまれなシステムで、「経済学と倫理学」の論文が書けそうだと言っていた。

ポルトガルにも店番はいたが、路傍の産直野菜の売り場があった。かぼちゃやキャベツを並べ、にんにくを吊るして売っているのを車窓から発見した。私はうれしくなって違法なUターンをして引き返し、さらに対向車線を横切る左折をして車を着けた。そして店を見学して、店番のおばさんと並んで写真を撮った。その野菜は小さく不揃いで、食べれば孤愁が口に広がりそうな姿をしていた。

（二〇〇四年五月）

ナザレのこいのぼり

我が家の洋間に長さ一メートル余りの布製の「こいのぼり」が吊るされ、飾られている。五月だけでなく、一年中…。この部屋に初めて入った客は、「なんで…。五月でもないのに…」「片づけられない人たちだな」と思うかも知れない。

実はこの「こいのぼり」、「こいのぼり」ではない。

もう、ひと昔も前になるが、家内をナビゲーターにポルトガルをレンタカーで回った。

ナザレという海辺の町で小休止し、穏やかな波が打ち寄せる渚で遊んだ。すると晴天の空がいつの間にか黒雲で覆われ、大粒の雨が降り出した。私たちは大急ぎで近くの洋品店に逃げ込み、雨宿りとなった。

赤青黄色の半円形の布を貼り合わせてウロコにしている簡単な造形だが、口から尾に風が通る「吹き流し」の形をしている

雨宿りついでに、私は、商品の品定めをはじめた家内に従い店内を歩いた。その商品に交じり、この「こいのぼり」が吊るされていたのである。

私は即座に、「日本製のお土産だ」と思った。そして「日本からのお土産を売ってしまうのかよ」とも。

そして近づいてきたこの店の女主人と思われる女性に、「日本で買った土産ですね」と話しかけた。

すると、「いいえ、これはポルトガルのものです」と怒ったように反論した。「えーっ」、私も家内もこの予期しない反論には驚いた。

そして、片言の英語で、こんなことを言ったように思う。

「これは風見で、男の子のものです。ここは海の国で、男の子は海に出て行くのです。航海には風が大切で、風を読むことができるように願って魚の形をした風見を送るのです」と。

納得。この「さかなのぼり」にはここの風土と生活に基づく理屈があったのだ。

日本の「こいのぼり」は、「竜門の滝をのぼった鯉は竜になれる」という中国故事が由来で、立身出世のシンボルとして江戸時代中期以降、庶民の間で、飾られるようになったとされてきた。しかし、あまりにも似た「こいのぼり」と「さかなのぼり」も、もとは一つで、南蛮貿易の時代に伝えられたものが今日に伝えられ、残っているように思えるのだが…。

（二〇〇四年五月）

栗あれこれ――栗畑で納税猶予

私の高校時代の山岳部の先輩で、神奈川の営林局にお勤めだった斉藤勲さんが山岳会の会報に、「アルプス」で焼き栗を買ったと書いていた。「アルプス」はアルプスでも、ヨーロッパの山ではなく、八王子を中心にスーパーマーケットを展開している「スーパーアルプス」というオチ。

この「スーパーアルプス」の創業者 松本利夫（故人）は私の小中学校時代の同級生だった。彼は拝島の新開地「昭和飛行機工業」の社宅近くにあった八百屋の息子で、小学生のときから親父に商売を仕込まれた「大人子供」のような少年だった。私が経済学部で学び始めた頃（昭和三〇年代中頃）、クラス会の折に学んだばかりのアメリカのSelf Service Discount Sale Storeの話をしたら、彼はその話に非常に興味を持ち、早速自分の小さな店をセルフサービス方式（スーパー方式）に変え、名前をどういうわけか分からないけど、「アルプス」にした。彼は私の山登りの話などを聞き、アルプスに憧れてはいたが、山に行くほど時間に余裕はなかったと思う。ちょうど、立川駅北口で「緑屋」が初めて、セルフサービス方式の店を始めた頃のことである。そして、やはり、この頃、流行していたボウリング場が下火になり、それが連鎖的に潰れると、彼はその建物を次々と借り受け、スーパー方式の店舗に変え、店数を増やし、今日の「スーパーアルプス」の基盤を築いていった。

そして、一〇年ほど前、あきる野市雨間に「アルプス」の特大の店舗を始めた頃、その人生を終えた。巷では「資金繰りに行き詰まり、自分を犠牲にして…」などという噂が流れていたが、「スーパーアルプス」はその後、大きな自社流通センターを持つほどの本格的なスーパーマーケットとなり、発展し続けている。本当のところは分からないけど、そうだとしたら、あの男らしい生き方、人生だったと思う。

さて甘栗のことだが、雨間にあるアルプスあきる野店にも幾種類もの栗が売られている。粗皮に横一文字に爪をいれて剥く天津甘栗が主流だったこの世界も、多様化が進んでいるようである。

私が一番美味しいと思った栗はヨーロッパの街頭で売られている焼き栗で、ちょうど日本の焼き芋屋のような風情で、素朴な釜でその場で焼いて売っている。ミラノのオペラ座の前とか、リスボン大通りとかで買い、歩きながら食べたが、本当に美味しいと思った。それは大きくて粗皮が少々焦げ、「ぱっくり剥け栗」と名付けたらよさそうな形をしたホクホクの栗だった。

私のところでも親父の代に栗畑があったが、クリタマバチにやられたのでお終いにした。前述の斉藤勲さんによれば、クリタマバチに加害されると抵抗性のある新種の栗でも一〇年持ち堪えるのは難しいようである。

ところでこの数年多摩地区の栗の作付けが急減している。激減の最大の理由はクリタマバチではない。税務署や農業委員会の「納税猶予を受けている農地」の査察が厳しくなったことにある。田畑を遺産相続するとき営農（二〇年間から、法改正で現在は生涯）を約束すると相続税や不動産税が宅地課税の約二〇〇分の一で済む。しかし、それを選択した農家が営農を疎かにして猶予期間の出口近くで畑を草にして営農を怠っていたり、マンションや駐車場に開発すれば猶予が取り消され、二〇〇倍の税と年利六％の延滞利子が請求される。たとえば、営農が認められれば土地一〇億円の相続税は五〇〇万円で済むところ、認められなければ、相続税だけでも二〇年間の元利で約三倍の三〇億円以上になるという。さらに不動産税が加われば莫大な金額を請求されることになり、その事態になって所有地を売却し対応しようとしても、土地価格は低迷しており、すべての相続遺産を売り払っても支払いきれないといわれている。このような話は農協の資産管理の講習会のたびに聞かされている。

多摩地区のいたるところに見かけた栗畑の多くはこのような営農に行き詰まった農家が栗や梅を植えて、見せ掛け営農でそれを避けてきた。しかし、最近では農業委員会や税務署の査定が厳しくなり、クリタマにやられたみすぼらしい栗畑では通じなくなったのである。そんなわけで私たちの周りから栗畑が減っているのではないだろうか。

最近は納税猶予の出口より、相続税や宅地並み課税から逃れるための農地相続の入り口での査定が厳しくなっており、いい加減な営農では農地相続がクリアできなくなっていることが栗畑が減少している理由の一つでもあるらしい。

（二〇〇四年九月）

米と桜

サイレントオータム

私は米も作っている。コシヒカリの新種――「ヒカリ新世紀」と、糯米《もちごめ》の「満月もち」（現在では「喜寿」）を作っている。

都市化した多摩での米作りは年々縮小し続け、立川市や福生市では既に水田が皆無となった。東京オリンピックの頃までは多摩川流域の堤内は一面水田であった。中央線の車窓からも、国分寺市の恋ヶ窪あたりなどにはところどころに田や畑が散見され、私にとって通学時の疲れを癒す風景であった。八王子市の南大沢や谷地川の谷が黄金の稲穂で覆われていたのはそんなに古い話ではない。この数年の間を見ても、日野市の平山橋と一番橋の間の左岸で道路整備が行われ、田んぼが消えて、そこが住宅地に変わりつつある。田んぼと共にある日本の美しい原風景の喪失は、日本人が豊かさと引き換えに失った、取り返しのつかない大きな宝の喪失でもあったのではなかったろうか。

それでも、まだ、私は米を作っている。最後の抵抗、無駄な抵抗かもしれない。一反にも満たない小さな田んぼを六枚、三反歩弱である。そこに除草と施肥を兼ねて米糠を撒くという減農薬有機栽培である。植える株数を一、二本にし、畝幅も広めにしている。そのため生育初期には根元まで太陽光線が差し込み、稲が逞しく分けつを繰り返して育つので、結果として大きな株となり、密植した場合と比べても遜色のない収量で良質の米を収穫している。

そして、不思議なことにこの田の上には赤とんぼが群れ、ツバメが集まってくる。近くを通る人が「何でここだけ…」と不思議そうな声をあげている。虫や鳥は私たちには分からない何かを知っているのだろう。

もうすぐ刈入れである。作柄は良好で豊作が期待できる。しかし、その喜びの中で、ある異常に気付き、それが気懸かりとなっている。それは稲を食い荒らすスズメがこの数年減り続け、今年はまったくその姿を見せないことである。都市の中の小さく、数少なくなった水田はこれまで野鳥の攻撃に苦しみ、時間と金の掛かる防鳥ネットを張ってきたが、それが今年はまったくの無駄になってしまった。これは農家にとって幸いなことではあるが、果たしてSilent Autumnでよいのだろうか。

この原因は五、六月、桜の木（ソメイヨシノ）にアメリカシロヒトリが発生し、その防除に農薬が散布されたことではないかと推察したり、決めつけたりしているが…。この時季は幼鳥が孵化、生育するときで、その餌は青虫・毛虫である。一斉防除で餌が少なくなり、残った餌にも農薬が付着したため、幼鳥が成長できなかったためではないだろうか。その他、天敵のカラスが増えたこと、ごみが戸別収集され、餌を捕り難くなったことなども考えられるが…。

野鳥観察の人たちにもこのことを質問するのであるが、たいした答えは返ってこない。彼らの双眼鏡には珍鳥だけが映るようで、マクロスコピックな映像は見えないらしい。そして、秋になった今、桜の木には天敵がいなくなったアメリカシロヒトリの幼虫が大発生している。まもなく「秋に桜が咲いた」というニュースがテレビや新聞に載るのではないだろうか。食害によりすべての葉を失い「仮の冬」を経験した桜が春秋の陽気を取り違えて狂い咲く日が来るかもしれない。

桜・『櫻守』

桜は日本を代表する植物である。そして、今、「桜が満開」と言えば、それはいわゆるお花見の対象となるソメイヨシノである。それは江戸時代に栄養増殖（挿し木）により広がったもので、どの株も同じ遺伝子を持ったクローン植物である。このクローン植物は同じ時期にいっせいに開花することを売りにしている。見栄えがあり、華やかであるところは優等生に似ているが、ひ弱であることも似ている。前出の害虫だけでなく病気にも弱いようで、多摩のソメイヨシノ桜の多くがウイルス病である「テングス病」に冒されている。テングス病は、このウイルスに冒されると、枝がくるくると曲がり、それが絡み合って、「天狗の巣」のように見えるところから名付けられた。病気の枝には花が咲かず、緑色のボールがぶら下がったようになり、それが三つ、四つと増えて、終いには枯れてしまう。また、他の株にも伝染する厄介な病である。各市町の公園や学校の桜が冒されているので、関係の公園課や教育委員会に防除（切り取り）を勧めている。しかし、残念なことに職員たちはその病の存在すら認識できないらしい。彼らもソメイヨシノ的な人間なのであろう。水上勉の『櫻守』の主人公のように人生を自然を守ることに賭ける人物もまた日本の風景から消えてしまったのかも知れない。

私はクローン桜ではなく、花粉の交配増殖の山桜が好きだ。開花時期も微妙に異なり、花色・葉色、その姿形も多様で、個性にあふれている。力強い姿で、病気にも強く、他の樹木に混じって山や森の中にしっかり根を下ろしている。

私の人生もこうありたいと思うのだが…。

（二〇〇五年一〇月）

多摩の赤松を守れ

先日雪が積もった朝、畑のフレームハウスの雪を払うために歩いていると、大きな赤松の枝が折れ落ちて道いっぱいに横たわっていた。見ると根回り一メートルもある大きな赤松が枯れており、すでに幹にはサルノコシカケ科のきのこを寄生させ、朽ちかけていた。昨年の夏にはまだ水路の上に緑陰を落としていたのを覚えている。何とも激しく、忙しい枯れ方である。

また、「あの松枯れ」が始まったのかと、近隣を調べると、啓明学園の庭にも大きな赤松がすでに松葉を落として立っていた。この庭にある北泉寮は旧三井家の別荘で、戦時中三井氏が春秋を過ごし、現在は都の指定有形文化財である。その前庭の中心に立つ大木である。他にも、創価大学や工学院大学のキャンパス内にも立ち枯れしている赤松が見える。

神奈川の林野行政に長く関わられた斉藤勲氏から教えていただいた知識ではあるが、このような急激で、広範囲な松枯れの原因は「マツノマダラカミキリ」という虫に寄生する「マツノザイセンチュウ」（松の材線虫）により樹液の循環が阻害されるために起こる現象だという。その「マダラカミキリ」と「ザイセンチュウ」は共存関係にあるという。

「ザイセンチュウ」は、松の樹勢を弱め、松脂の分泌を減らして、「カミキリ」の幼虫（鉄砲虫）時代を過ごす環境づくりをする。また、――「カミキリ」は成虫になり、その餌として松の新梢を齧るとき、口中に取り込んだ「ザイセンチュウ」を他の木々に運ぶ役割をしているのだという。「ザイセンチュウ」の取り付いた木は極めて短期間のうちに枯れるため、冬になり松葉が急に白くなり、赤くなって初めて気付く場合が多いという。

かつて、多摩の丘陵やそれに連なる低山の尾根筋には一抱えを超えるような黒松が連なり、山腹には赤松が点在していた。それが東京オリンピックの開催された60年代頃までの、私たちが慣れ親しんだ「多摩の原風景」であった。しかし、高度成長に伴う急激な地域開発や、それに伴う環境の変化の中で、ザイセンチュウによる大規模な松枯れが、日本の南から北に向かって広がり、たちまち多摩の風景の中から松の姿を消していった。今、この文章の中で枯れることを心配している松は、そのときに枯れずに残った数少ない松である。このままにしておけば枯れかかった樹木から飛び出す「カミキリ」により「ザイセンチュウ」はさらにばら撒かれ、近い将来、その残り少ない松も同じ運命を辿るのは自明のことである。自然を愛する者として、なんとしても、松の緑を残したいと思っているのだが…。

しかし、今、松枯れを食い止めるのは、かつての大発生のときより難しくなっているように思える。何故なら高度成長期に大発生したときに比べ、現在は松の数が少ないため目に付きにくく、問題にされにくいように思われるからである。また大規模な松枯れに対処してきた人々が林野行政から退き、これを問題視する目が失われているように思うからである。このような危惧は、林野庁の松枯れに対する今年度予算が昨年の半分にもならないことにも現れている。

さて、さて、このような状況下で、どのようにして残り少ない多摩の赤松を、黒松を、守ることができるのだろうか。

「ザイセンチュウ」による松枯れを予防し、それを食い止める確実な方法はいまだにないといわれている。「カミキリ」が成虫となって飛び出す五月頃に農薬散布するのが最も的確な方法といえるが、広範囲に松林が続く海岸などではそれも可能であるが、住宅地が入り組む多摩の丘陵ではそれを実施することは、まず無理であろう。強い電流を流し「線虫」の活動を押さえる方法もあるというが費用が高く、すべての松にこれを施すことは困難であろう。唯一実施可能な方法として考えられるのは「カミキリ」の幼虫を羽化させないことで、幼虫の棲家である、枯れかかった松を切り倒し、焼却するなどの処置を施すことだそうである。

しかし、自分の松、自分の山林のことしか考えない所有者がいたとしたら、彼らにこの提案を受け入れてもらえるだろうか。これもまた松枯れ以上に難しい問題である。

いずれの方法によるとしても、このような人たちをも含め多くの人が「多摩の松を守らねば」という気持ちにならない限り松枯れを止めることはできないだろう。そのためにはまず身近にある松の木に目を向けること、向けさせることだと思ってこんなことを書いてみたのだが…。

（二〇〇六年四月）

ピーターラビットの国をまわって

英国の湖水地方とコッツウォルズ Cotswolds を旅した。湖水地方では氷河湖ウィンダミア Windermere の南端レイクサイド Lakeside にある同名のホテルに泊まり、ピーターラビットの作家ビアトリクス・ポター Beatrix Potter ゆかりのバウネス Bowness の周りを歩いた。

私が最初にピーターラビットの話に触れたのは小学生になる前だから、まだ戦時中か、あるいは開戦直後の戦時託児所の紙芝居でだった。保母が物語の要所要所で「頑張れ、頑張れピーターさん」とか、「泣いてはいけないピーターさん」とか、子供たちに声をそろえて叫ばせていたのを覚えている。学齢前の不確かな記憶ではあるが、これが戦時中のことであったのなら、何故敵国文学の物語が許され、紙芝居にまでなっていたのだろうか。戦後のことだとしたら、どのような経緯で導入されのだろうか。この疑問を当時の保母さんたちに聞いてみたが、誰もが「『七匹の子ヤギ』は覚えているが、それは記憶にない」という答えだった。それなのに私が覚えていたのは、レタスは知らなかったけれど、人参などの野菜畑やウサギの子という身近で親しみのある話であったからで、もちろん、それが土地所有や営農方法が異なる英国での話であったと知ったのはずっと後の大人になってからだったのは言うまでもない。

この物語の世界では、人参やレタスなど多くの野菜が栽培されていたけど、今日では、この地方で同じような野菜畑を見つけることは難しいと思う。通貨ユーロこそ使っていないが、独自性を誇るこの国でもＥＣ（ＥＵ）の世界に組み込まれて以来、生産性が低く、競争力のない農業生産物は駆逐されてしまったのではと考えるから…。変わらないのは羊が草を食む牧場や、大きなブナの木の林の中をピーターの末裔たちが元気に走り回っていることである。

営農は時代の波に飲み込まれてはいるが、囲い込み運動 enclosure movement により確立された土地所有の形態は相変わらずのようで、徹底した国土の私有地化には日本人には理解しがたいものがある。

朝食の前に、湖畔を散策しようとホテルを出たが、ホテルの敷地を過ぎると湖畔の小道は途切れ、Strict private zone（私有地）の札が掛かった塀が行く手を塞いでいた。自動車の走る公道から湖畔に降りる道を探したが幾ら歩いてもそれらしきものはなかった。例外はあるのだろうが、この国では丘の頂に登るのも、湖畔に降りるにも土地所有者 landlord の許可が必要なのであろう。その証拠にわざわざ Public footpath（公道）の看板が設えてある道路があるくらいだから…。

私たちはバウネスからの帰途、レイクサイドまでの一〇数キロメートルを、私有地の牧場や林越しに眺めるしかない湖を遠巻きにした道を四時間かけて歩いた。疲れたら途中で路線バスに乗ればいい、タクシーを拾えばいいと歩き始めたが、ついに最後までそんなものには出会えなかった。

こんな英国でも中世的なものが多く残る地方もある。今、日本の旅行社が英国旅行の目玉の一つとして売り出しているコッツウォルズである。シェイクスピア W.Shakespeare の生まれた家のあるストラッドフォード・アポン・エイボン Stratford-upon-Avon を拠点に、レンタカーで田舎道Ｂ四六三二の周辺を走りまわった。大型観光バスが入る広い道があるだけのブロードウエイ Broadway

みたいな村もあるが、昔ながらの藁ぶき屋根が連なるチッピング・カムデン Chipping Campden には鍛冶屋のギルド guild まであって、まだまだ中世の匂いが残っていた。ただし、屋根の藁はオランダで作られた輸入品だと住民たちは話していた。この村で私たちが駐車料金の払い方を迷っていると、そこに居合わせた村人の一人が「イギリスからのプレゼントだ」と言って五〇ペンスを払ってくれたうえ、私たちを案内して、guild の工房を見学させてくれた。

このB四六三二沿いにはエンクローズされていない比較的小さな農園もあって、自動車道から入った農道の奥で、手押しの耕耘機で畑を耕す人の姿も見えた。その人たちと話がしたくて車を水仙が咲く農道に乗り入れた。「東京で野菜を作り、庭先で無人販売をしている」と自己紹介をしたら、一人の親父が「同じようなことをやっている奴はここにもいるよ」と言って、「うちに寄れ」と仕事を中断して、畑から出てきた。残念なことにお宅を訪問するほどに時間がなかったので、それは辞退したが、故郷多摩の昔に帰ったような、幸せな気持ちになった。

それでも、この人の話によれば、無人販売のお金や野菜を盗り、持ち去る人がここにもいるということだった。それでも無人販売が成り立つことは精神的規範が残存する証である。街道沿いには野菜の名前を大きく書いた看板をべたべたと貼り付けた産直販売所や放し飼いの養鶏場があって、ここにも採算主義だけではないものが存在しているのを知り、いっそうの親しみを覚えた。

とはいえ、ここがECやEUの経済圏の中にあることは確かで、数ヘクタールに及ぶ巨大温室で、ロックウールを培地に水耕でトマトを栽培している農家がある一方、通常の栽培方式の中小温室施設が、破れガラスのまま放置されているのを幾つも見た。生産性が高く競争力のあるものが生き延び、それに欠けるものは消えてゆく経済の原理は、のどかな風景の残るここでも変わらないのである。今年の冬は厳しく、大温室経営でさえ石油代が圧迫しているということであった。種代を節約するため、トマトを根元近くで枝分かれさせ、幹を二本にして立ち上げ、マルハナバチによる授粉、選果の機械化、経費節減と品質向上の努力がこの野菜工場に満ちあふれていた。

こんな英国でも、大多数の農業の経営は、競争原理の中にあることは確かであるが、その片隅で安全を売り物に、それを認める消費者を相手にした、前時代的な農業もまだ生き延びる余地がチョビっとはあるらしい。

（二〇〇六年六月）

海が養う田畑

今、日本の田畑が危機にあるという。それは微量要素の苦土が不足しているからだという。苦土とはマグネシウムのことで、農作物（植物）の生育に必要な三要素、窒素、燐酸、カリの取り込みを助けているらしい。これが日本の田畑に不足し、作物の肥料吸収を妨げているのだというのだ。化成肥料、有機肥料に関わらず、この障害があると施肥の効果が出ない。それを多くの百姓が肥料不足だと判断し、さらに肥料を施す。それが繰り返され、地中の肥料分が高濃度で残留し、作物の生育を妨げているのだという。農業雑誌がこれを特集し、私の周りでも土壌検査の報告会のたびに、そのような畑があることが指摘されている。

自然の世界ではどのように苦土が植物に供給されてきたのだろうか。マグネシウムは普通海水の中に含まれていて、それを食す鱒や鮭等の魚類が産卵のために遡上することにより、またそれを他の動物が食し、糞という形で森林や原野に供給されてきたらしい。また逆に豊かな森は栄養豊かな水を海に供給し、それがプランクトンや海草を養い、さらに小魚を、そして大きな魚を養ってきた。

かつての日本の田畑のあり方も、自然界のサイクルに似ていた。昭和二〇年代の半ば頃までは、人糞尿の他に、「乾燥にしん」を肥料にすることもあった。人間が食した魚類や海藻に含まれたマグネシウムが田畑に供給されてきた。それが昭和三〇年代半ばに化学肥料が出回るようになり、また、衛生観念が変化すると、人糞尿を田畑に入れなくなり、この循環の主要部分は断ち切られてしまった。

そしてさらに、それを現代の下水道施設の完備が止めを刺した。私は多摩地域において、その肥料として人糞尿使用が終焉するさまをひょんなことで再確認することがあった。

私が高校から大学までを過ごした昭和三〇年代は、八王子がまだ自称でも他称でも「絹の都」などと言われ、その広告塔が駅前にドンと立っていた。そして近隣の武蔵村山では「村山大島紬」が盛んで、拝島ではその糸の「撚り屋」や「整経屋」が繁盛していた。その整経屋の奉公人たちは染色した糸を多摩川で洗っていたが、公には許されない行為であったので暗くなるのを待って、夜の九時前後に行っていた。

この人たちが、「毎晩のように大量の新聞紙が流れてくるが、どうしたのだろう」と話していたのを覚えている。でも、その話と疑問はしばらくの間、心の奥に仕舞われていて、忘れられていた。それから二〇年ほどして、ひょんなことからそれが記憶の底から甦ることになった。

それはちょうどバブルの頃で、豊かな予算の使い道として「市町村史」の編纂がブームになっていた。今日のあきる野市が成立する以前の秋川市でも『秋川市史』を編纂する事業がスタートしていた。しかし、発刊期限が近くなっても、現代史の執筆者を確保できないでいた。その明治以降から「戦後史」までの執筆依頼が、住民でもなく、また、この地域に関する研究歴もない私に舞い込んだ。それも期限は一年だという。もうぎりぎりの限界で、書いてくれる人なら誰でもいいと、地域史誌に幾つか論文を投稿していた私が選ばれたらしい。もちろん、そんな無謀なことができるはずがないし、私では力不足だと断った。すると、編纂委員長であった元「新潟図書館」長の青木一良氏が、「担当職員に秋川市に関する新聞等の記事をすべて拾い出させるから、必要な資料は集めるから」という条件を提示し、それをもとに現代史を構築してはどうかと提案してきた。結局、高額の執筆料に目が眩み、畏れ多いことを引き受けてしまった。

こうして集められた記事の中に、昭和三三、四、五年、「平井川の流域で赤痢が流行」を報じるものが次々と出てきた。平井川は現在の「つるつる温泉」近くを源流に、日の出、旧多西村を流れ、福生市熊川先で多摩川に合流する小河川である。私はここでも「何故この数年間なのだろうか」「何故平井川なのだろうか」という疑問を抱いた。

この疑問を解いたのは、同じ年次の新聞を賑わせた「糞尿埋め立て反対運動」の記事であった。この頃になると多摩地方でも急速に人の糞尿を肥料として利用しなくなっていた。この変化を行政が見抜けず、糞尿処理施設の建設が後手に回ってしまった。そういう状況下で、汲み取り業者が生まれ、その処理を「肥桶一樽何がし」で引き受けた。その肥樽はトラックで運ばれ、雑木林や未使用地に大穴を掘って投棄した。それがこの時代の処理方法であり、それしか方法がなかった。結果、当然のこととして投棄場所となった東秋留の小川地区や、羽村・瑞穂境では激しい異臭に襲われた。この環境の悪化に対し、周辺住民は搬入トラックを締め出す激しい反対運動を起こした。搬入道路をリヤカーや荷車で塞ぎ、住民総出でピケを張った。

この投棄場所を失った「し尿トラック」に残された道は、どこかに不法投棄することしかなかった。どこに捨てられたのであろうか。私の思考がここまできたとき、あの「流れくるシンブンガミ」新聞紙の話が甦ったのである。

当時の日本の貨物自動車、肥桶を運ぶトラックはまだ四輪駆動ではなく、行動範囲は限られていた。石河原の中を流れる大河川や道路整備のない山間部に乗り入れることは不可能であった。それでも平井川のような道路脇を流れる小河川にならば暗闇にまぎれて投棄することが可能であった。だから、その川が合流した多摩川に「落とし紙」であった「シンブンガミ」が大量に流れてきたのである。それも夜になるとであった。

その平井川流域で大発生した赤痢の原因がこのし尿であることは明らかである。この頃はまだ、中小河川の川端では食器を洗い、子供たちが水遊びをしていたのだから…。だが、この犯罪が新聞記事になることはなかった。

この三つの事象が一つになったのは、それから二〇年ほど経った、市史の執筆に関わった私の頭の中でであった。

昭和三三、四年頃は、し尿の不法投棄だけではなく、高度成長に伴い、洗濯機が普及し、その上、洗濯石鹸、合成洗剤の垂れ流しもあり、河川は急速に汚染の度を強めていた。

今日、都市下水道、その浄化施設が完成することにより河川の浄化は進んだ。しかし、これでし尿問題が解決しただろうか。――かつての、海と山や畑を巡る苦土のサイクルがインターセプトされ、苦土欠乏の畑にそれを補う必要が起こっているのである。

ある週刊誌が人糞を素手で畑にまいている岩手県のある地区を「日本のチベット」として特集していたのは、東京オリンピックの少し前の、この流れ来る「新聞紙」現象の少し後であったように思い出している。

（二〇〇六年一〇月）

クルクル・パー

戦中戦後の男の子は坊主頭だった。整列をするとき「前にならえ」をすると、前の子のくりくり坊主のつむじが気になった。「右巻き」の子、「左巻き」の子、右巻きと左巻きの両方持っている奴もいたし、「つむじ曲がり」の子もいた。「左巻きのクルクル・パー」と喧嘩相手をはやし立てていた場面もあった。頭の上のあの渦巻きは何なのだろうか。

動物のこと、人間のことは良く分からないけど、あれは受精卵から人間が形成される過程での頭皮の成長点のようにも見えるのだが…。あれはいったい何なのだろうか。子供の頃から百姓爺になった今もずっと持ち続けている疑問である。

百姓になって、植物のことが良く分かったというわけではないけど、植物、農作物にも「左巻き」と「右巻き」があることは知っている。

たとえば「やまのいも」、野山に自生する芋には普通「自然薯」とか「やまいも」と呼ばれ食用になるものと、灰汁（アク）が多く食用に不向きな「ところいも」がある。

食べられる芋かどうかを見分ける方法は蔓の巻き方を調べ、左巻きのほうを選べばよい。山芋は日本人が農耕生産をする以前から食していて、農耕生産の始まりと共に農作物になったものの一つだと言われている。多摩の地名に狭山丘陵を挟んで、南に「芋窪」（東大和市）と、北に「所沢」がある。日当たりの良い「芋窪」は左巻きの食用になる芋の取れる場所だったのに対し、丘陵の北側の日陰の沢は「ところいも」しか採れなかったのだろう。この「ところ」も飢饉のときは手数をかけ、灰汁を抜いて食用にしたといわれている。しかし、「左巻き」が有用で、「右巻き」が有害・無用という法則があるわけではなく、植物の世界も簡単に「右巻きのクルクルパー」とはいかない。

巻き蔓性の植物に限ればいんげん、朝顔、アケビ、さるなし（キウイ）は左巻き、藤、トケイソウ（パッションフルーツ）、ヘクソカズラは右巻きである。

巻き蔓性以外の植物もよく観察すると、右巻き、左巻きがあるようで、葉が古いものから新しいものへと左巻きに出てくるものと、逆に右巻きに成長するものとがある。左巻きのものは成長点で左巻き方向に細胞分裂を繰り返しているのだと思う。右巻きはその逆である。その「右巻き」「左巻き」の様子を調べるにはジャガイモ、サトイモ、キャベツなどが手軽で分かりやすい。中でもジャガイモは手にとって眺めただけでそれが分かり、「巻き」の観察にうってつけの材料だと思う。

ジャガイモは茎に澱粉を蓄積した芋だから成り口（芋の付け根）の反対側が成長点である。その成長点を上にして覗いてみると芽が下から上（成長点）に向かってが級数的に間隔を狭めながら左巻きの螺旋状に分布しているのが分かる。他の植物も上から覗いてみると枝葉が渦を巻くように回転しながら生じているのが分かる。トマト、ほうれん草、キャベツ、フェンネル（ウイキョウ）、ヨモギは左、バナナ、サトイモ、きゅうり、りんごは右巻きである。ミカン科のゆずや金柑は左だが同じ科のグレープフルーツやライム（レモン）は右巻きである。

ウリ類など匍匐《ほふく》性のものは太陽光を受けやすいように葉柄が立ち上がるのでどちらに巻いているか分かり難いがごく若い芽を観察すればどちらかに巻いている。ウリ類の多くは右巻きだが「巻きひげ」は左巻きに巻くものが多い。中にはスイカのように右左どちらにも巻くひげを持っているものもあるから面白い。

人のつむじに似ているのはキク科の花（頭花）である。中でもひまわりの花は大きいので観察がやりやすい。この花は舌状花（一枚の花びら、一対の雄花と雌花からなる花）の集合体で、頭花の中心でこれを増殖しているらしく、そこから外辺に向かって螺旋状に送り出しているらしい。そのため外辺に近いものほど大きな（成熟した）種になっている。でも、しかしである。観察しやすいひまわりの花ではあるが、その螺旋は見方により、右巻きにも左巻きにも見えるので、どちら巻きなのかを判断するのは難しい。

さて、私のつむじは家内に確かめさせたところ、「右巻き」ということである。右巻きが良いのかどうかは分からないけれど、同じ右巻きなら飢餓のときの「ところ」のように、普段は嫌われもので、「食えた代物ではねぇ」なんて言われてもいいから、人々がなす術をすべて使い果たして、「もうだめ」というときに、「あいつがいたから救われた」というような人生もいいのではないかと思う。尤も私はそれとも違うクルクル・パーだけれど。

（二〇〇七年七月）

「けもの屋敷」に住む

一週間ほど前の真夜中、私は異様な物音に気付き、そっと二階のベランダに出た。するとその半透明の屋根を中型犬ほどの動物がガラガラと駆け抜け、家の際に立っている柿の木に飛び移った。すぐに懐中電灯をあてたが、もうその姿はなかった。さらに見えないところにいるのではと柿の木を大きく揺すったが何も現れなかった。それでもまだ何かがいるような気配がした。この騒ぎに目覚め、起きてきた家内と家の外に出て屋上を見ると、月のない闇の中で四匹の獣のシルエットが屋根の端に並んでいた。そして金色と銀色の四対の眼が懐中電灯の光に怪しく応えた。それは柿の実を食べに来て、実のとりやすい屋根に乗り移ったハクビシンの親子だった。近所のぶどうが食べられ、畑のスイートコーンが荒らされたのは知っていたが、我が家にいる姿を見るのは初めてであった。「でかーい！」、それも四匹もだ。その晩は、投石代わりに屑芋やナスの売れ残りを投げつけて退散してもらったが、翌日は寝不足に苦しんだ。農業研修の折、立川の農林総研（旧農業試験場）が捕獲したものを至近でも見たが、太った中型犬ほどもあり可愛さを超えた大きさで、まさしく野獣であった。

我が家周辺に棲む野性動物はこれだけではない。春には家の前の間道で自動車に轢かれた狸の死骸が横たわっていた。大きな奴で、市役所の環境課職員が車にのせるのに苦労するほどの重さがあった。また、数年前には野性の猿が現れ、叔父の畑の玉葱を食い荒らしていたところを捕獲されるということもあった。最近では堤防や田んぼ道で猪を見かけたという情報さえある。

一方、姿を見せないものや数が減ったものもある。イタチはかつては人家近くに棲み、食物連鎖の頂点にいた動物であったが、殺鼠剤が規制もなく使われた頃に死に絶えたのか、人を小馬鹿にしたような仕草の可愛い姿を最近ではほとんど見かけなくなった。それでも、その餌食になっていた動物にはイタチを天敵だとする遺伝子が残っているらしい。私はこの遺伝子を田んぼの案山子に利用している。まず、芽の出た大きなジャガイモを棒の先に付ける。それを稲穂が風に揺れるとき見え隠れする程度の高さで田のところどころに挿しておく。すると芋がイタチの頭に見えるらしく野鳥が寄り付かず、食害を避けることができている。

日本の野うさぎは夜行性だから、ピーターラビットのように真昼の野原を駆け回るようなことはないが、その存在は雪山やスキーゲレンデと同様、畑をトラクターで均したあとにつけられた独特な足跡で分かる。しかし、大型動物が増えたためだろうか、数がめっきり減ったように思う。

これを読んだ人は随分と田舎に住んでいるのだと思うかもしれないが、ここは都心まで直通電車が走っている西武線や青梅線のターミナル拝島駅から一キロ余りの場所である。ここがかつて小さな農村で、そこが田や畑で占められていた頃にはこのような大型動物の姿を見ることはなかった。こんな連中が現れるようになったのは都市化が進んでからのことである。原因は狩猟が禁止されたこと、生ごみが動物の餌になっていること、ペットの野性化などいろいろ考えられるが、動物が変化したのではなく、人間やその生活が変わったことに起因していることは確かである。

変わったのは大型動物だけではない、魚類のナマズ、タナゴ、ヤツメウナギ、ギバチや両生類のイモリやカジカガエル、トノサマガエルがいなくなった。その代わりに爬虫類は新種が現れた。それはヤモリである。昔からいるメタリックと地味な色の二種類のトカゲは、短い蛇に手足がついたごく当たり前の姿で、今も我が家の庭に健在だが、ヤモリは色こそ地味であるが、環境により変色し、何よりも姿・造形が西欧のクレストを思わせるほどに素晴らしい。私の家の家紋は「円に桔梗」だが、これからは下半分にこれを入れようかと思うくらいである。夜行性で動きは緩慢であるが、足に吸盤がついていて壁を上り、跳躍もする。亜熱帯に生息しているはずのこんな奴が我が家に現れたということは地球の温暖化はかなり進んでいるのかもしれない。

蛇

爬虫類の中で、蛇も相変わらずである。我が家の庭に生息するのは二メートルほどの青大将と二、三〇センチの「ジムグリ」（地潜＝別名ヒナタマムシ）である。前者はネズミを捕食するので農家の守り神とされており、絶対殺してはいけないと言われてきた。後者は黒くて細い紐のような奴で、チョロチョロもするが普段は庭に並べているめだか鉢の睡蓮の葉陰に潜んでいる。涼んでいるのかと思っていたら、めだかやフナを捕食しているらしい。五、六匹いて、神様ではないが好きにさせている。また、たまにではあるが本物の「マムシ」に出会うこともある。ある夏の午後、「マムシだ」という私たちの声を聞きつけた近所の親父が「マムシは殺さなければだめだ」といって手にした鎌でその首をはねた。私たちは「庭にいたのを殺して大丈夫だろうか」と心配していたら、その年の暮れに突然その親父が亡くなってしまったので驚いた。それ以来我が家では庭にいる蛇はどれも神様扱いである。立川市錦町の花屋で地域文化の研究家三田鶴吉翁が「自分が財を成したのは、庭に蛇塚を祀り蛇の死骸を葬ったからだ」と真面目に書いているから、多摩の蛇崇拝は「なまじっかな」ものではないらしい。

多摩だけでなく、日本の各地に「大蛇」や「おろち」伝説があるが、その大蛇とは私が見た限りでは「ヤマカガシ」がそれではないかと思う。長さでは青大将の二メートルを超えるものも珍しくないが、太さでは「ヤマカガシ」が一番だと思う。この蛇も純農村時代にはそれほど大きなものを見たことはなかったが、最近ではビール瓶を超え、一リッターのペットボトルほどの胴回りのものを数回見ている。その黄色と赤と黒の巨体が木の上からドタッと落ち、ゆっくりと茂みに入って行く。木から落ちるのは飲み込んだ獲物の骨を折るためだといわれているが、証拠写真を取るのも忘れるほどの迫力がある。この蛇の毒はマムシのものより強く、血清が十分に用意されていないというからさらに危険である。昔の百姓は毒蛇ほど「精がつく」といって生の肝（キモ）を呑み込んだものだが、今はそんなことをしたら子供たちに「キモい」と言われてしまうだろう。

蜂と蟻

蛇同様に怖い存在は蜂である。「アシナガ」には年に数回も刺され、もう慣れているけれど、「スズメバチ hornet」、中でも「オオスズメバチ」は怖い。一度だけ松の手入れをしているとき、手の甲を刺されたことがある。肩まで腫れ上がり数日仕事ができなかった。一度刺されると身体に抗体ができ、二度目に刺されたときに、それが異常反応を引き起こし、命を落とすこと（アナフィラキシー・ショック Anaphylactic shock）もあるというので、ポイズン・リムーバー poison remover を備えて用心している。この蜂は肉食で、他の蜂や虫を殺し、肉団子にして巣に運ぶという獰猛な性格をしているが、酒も好きで酒やビールを入れたトラップで簡単に捕えることができる。蜂の子が美味しい「ジバチ」（クロスズメバチ）もこの仲間であるが、スズメバチに駆逐されたのか、最近見かけなくなっている。

どの蜂も近隣の住民を良く知っていて、余程巣に近づかない限り、人を襲うようなことはない。しかし、ハイキングなどのイベントでやってきた見知らぬ人が、見慣れぬ行動をすると、敵と判断して襲うらしい。蜂の被害にあったと報道される多くがこのような状況下で起きているように思う。

小さなものでは蟻が厄介である。中でも堆肥の中にいる「ヒゾアリ」（本当の名前は分からないが、多摩地方ではこう呼んでいる）は衣服の中に入り込み、刺激を受けると繰り返し毒牙で咬みつく。この毒は死に至るほどのことはないが数日に渡り痛痒さを残す悪いもので、百姓なら誰もがこれに苦しめられた経験を持っていると思う。この他にはムカデが怖い。庭や堆肥の中にもいるが、夜中に布団やベットの中まで入ってくるのが怖い。咬まれたらポンポコリンに腫れ上がり、数日から数ヶ月も病むほどの強い毒の持ち主である。

ここまで書いて、我が家にはもっと怖いものがいることに気付いたが、恐ろしくて、とても書くことはできない。「タイトルの頭に『ば』の字を付けろ」と言われそうな気もするから、この次からは、言われる前に書いておくことにする。

（二〇〇七年一〇月）

ウリ科植物考　頭がパンプキン

何号か前にポルトガルのドライヴ紀行（五八頁）を書かせてもらったが、その旅でのことである。イネスとペドロの棺が安置されているアルコバサ Alcobaca のサンタマリア修道院の裏にある市場で、米俵のような形をした大きなかぼちゃが並べられ、それを縦に八、あるいは六等分した——長径が六〇センチほどある三日月形の切り身が売られていた。その果肉は夕張メロンのような甘さを感じさせる色をしており、見るからに美味しそうに見えた。その姿に惹かれた家内が、その果肉についていた種を三粒頂き、日本に持ち帰った。翌年の春、その種を三〇坪に一粒の間隔で播いた。遠い異国の風土にも関わらず、その種から出た芽は大きな葉を付け、太い蔓になり、その蔓が重なり合い、からみ合いながら各株は一五〇坪ほどに広がり、かの地で見たものと瓜二つの大きなクリーム色の実を五〇個ほどつけた。そのどれもが一五キロから二〇キロもあり、割ってみると期待通りのパープルイエローの甘い色をした果肉が現れた。

ところが、それは煮ても、焼いても、ただかぼちゃ臭いだけで、味気のない、食えたものではない代物だった。いろいろと試したあとで、ポルトガルの大使館に問い合わせた。するとそれは「メニーナ（可愛い少女）」という名のかぼちゃで、ケーキを作る材料だという。結局、そのかぼちゃはケーキになることもなく、ＪＡの支店や檀家寺の玄関に飾られた他、近くの保育園や幼稚園でハロウインのランタンに使われて、私の短い栽培の歴史は閉じた。

私たちより年長の人は、中でも男たちは「食糧難の時代に食わされたから、かぼちゃは、顔を見るのもいやだ」という人が多いので、かぼちゃが好きだなんて言いにくいのだけれど、私は食べるのも、栽培するのも大好きである。初夏の早朝、あの、穏やかなカーヴを描く黄色い花が咲き、受粉を助けようと近づくと、もうそこにはミツバチが花粉だらけになって働いている。そのあたりには穏やかな空気が満ち満ちていて、それを腹いっぱいに呼吸すると、身や心に淀んでいたものが溶け出すような気持ちになる。だから、私はかぼちゃには少々こだわっている。

大きなかぼちゃと言えば、アトランティック・ジャイアントという巨大かぼちゃがある。これにも挑戦したことがある。アメリカはもちろん、日本にも果実の大きさを争うコンテストがあり、五〇〇キロを超すものもあるという。畑塞ぎの遊び半分で三年ほど作った。このかぼちゃは、実が巨大になるため、自分の重さで自身の形を歪めてしまったり、自分自身を破壊してしまったりして、きれいな形で大きく育てることは至難の業であった。コンテストに耐えうるような栽培のノウハウを知らない私の成績は、直径一メートル余で、重さ八〇キログらいに育ったのが最大で、それが限界だった。それでも車に載せるとなると、シートの上に転がし、それを四人がかりで持ち上げねばならなかった。

しかし、ほとんどのアトランティックはどれも、これも畑や庭にごろごろしているだけで、何の役にも立たなかった。たまに通りがかりの人が驚いてくれるのがせめてもの慰めで、ちょっと得意な、いい気持ちになったくらいだった。

かぼちゃなどウリ科の植物には「主蔓」より「子蔓」「孫蔓」に結実する傾向がある。私のところで主に栽培しているのは「坊ちゃん」という小型かぼちゃである。定植して蔓が延び始めると、本葉

四、五枚のところで芯を摘み、そこから出る子蔓、孫蔓を伸ばす。それに結実させて、一本から五、六〇個の実を収穫している。ところが、このようなウリの性格を知らない人は主蔓を大切にしてどこまでも伸長させるが、二、三個しか取れない。それを種が悪いからだとぼやいているからおかしい。

メロンなどの高級ウリの場合、結実箇所はもっと厳格で、子蔓の七から一二番の節に出た孫蔓の雌花に着果させ、着果が確認されると一つを残し、他はすべて摘果し、孫蔓も摘み取るらしい。実のついた子蔓は蔓の勢いを観察しながら二〇数葉まで伸ばして摘芯し、そこから出る孫蔓は解放しなければならないらしい。高級なところは私の出る幕ではないか…。

スイカは味や高級感がかぼちゃとメロンの中間であるが、その栽培法も中間にあるように思われる。普通は子蔓に成らせるが、「こだま」などは孫蔓にも結実させる。また梅雨が終わるまで蔓の根元を雨にかけないことが重要で、ポリシートのトンネルで育てるのが最近の栽培法で、この辺なら私にもできる。

キュウリはトマトと共に夏野菜の代表である。このウリも子蔓になるような遺伝子を持っているが、消費量が多い野菜だけに、最近では改良が進み、主蔓の各節に結実するいわゆる「節生り」が主流になっている。販売生産者はさらに脇から出る子蔓、孫蔓でも各々二果を収穫し、一本から五〇果ほどを収穫している。このように多数の実を得るにはそれに見合う摘芯、蔓欠き、施肥や土作りが要求されるのはいうまでもない。また、この栽培法でも、子蔓や孫蔓は着果したところの二葉を残してその先は摘芯するが、主蔓が支柱の先端まで到達したときにそこで芯を摘んだ後、そこから出る子蔓は解放しておく必要がある。すべての成長点を止めると勢いがなくなり、老化してしまうところが人間にも例えられておかしい。

品種のネーミングにもおかしなものがあって、「南極二号」という優秀な品種があり、それを栽培していたら、息子が「名前の意味知ってんのかよ」と言う。彼の話によると、「ダッチワイフ」という意味があるという。種苗会社に問い合わせすればいいのかもしれないが、この品種は南極の調査隊が新鮮野菜を得るために栽培したものだろうと勝手に解釈している。

キュウリには大きく分けて果実の肌に白い粉が吹くブルーム種と、つるつる肌のブルームレス種とに分かれている。つるつるのほうが商品価値は高いが、私は少々野性的なブルームの「夏すずみ」を作っている。


これまで九州や沖縄の特産野菜であったゴーヤ（ニガウリ）も最近では全国的に消費・栽培されるようになった。しかし、改良の歴史が浅いためか着果に気ままなところがある。その上限りなく脇芽を出すので、それをどう処理するかが栽培術だといえる。

繁茂することでは「ニガウリ」に負けないのは「隼人ウリ」である。これは他のウリと異なって、種が一つの実に一個だけで、果肉を付けたまま冬を越し発芽する変わりものである。そのうえ夏の間は限りなく繁茂するが間違っても着果しない。秋になり栽培者が「こりゃもうだめだ」と引き抜きにかかると、突然花が咲き、爆発的に結実する。「短日性」という、日照時間が短くなるとあわてて子孫を残そうとする原始的な遺伝子を引きずっているらしい。条件がよければ一〇〇を超える〝膨らんだ大判焼き〟にイガイガをつけたような実を収穫することができる。私が勤めていたある学校で、野球の防球ネットの脇にこっそりこれを植え、絡ませた。そしたら、夏の終わりにはそのバックネットを越え、三階建て校舎の屋上近くまで登りつめた。しかし台風が近づき風を孕むと倒れるのではと心配になり、泣く泣く根元から引き抜いたことがあった。こんなデタラメができた時代もあった。

また、かぼちゃの話に戻るが、テレビドラマや映画の中のかぼちゃの出てくるシーンがある。特に戦中戦後の食糧難の時代を象徴するかのようにかぼちゃが使われる。しかし、それは「恵比寿かぼちゃ」に代表されるような濃緑でツルツルした皮の西洋かぼちゃである。私の知る限りでは東京オリンピックの頃まで（自由化以前では）主に栽培されていたものは、もっとしわシワで、切れ込みも深い、黄色や橙色をした「日本かぼちゃ」だった。かぼちゃに限らず、テレビや映画の制作では、多くの場合、農業や農産物の考証はまったくお粗末で、腹立たしさを禁じえない。多くの賞を獲得した『北の零年』などはその最たるもので、開墾シーンではホームセンターで販売されているような安物の三本鍬が使われていた。農耕馬もサラブレットであった。あのようなもので北の大地が切り拓けると考えているのだろうか。

（二〇〇八年二月）

葱の味

私の住む「拝島」はひと昔前まで葱の特産地で、ここで栽培し続けてきたものを「ハイジマネギ」と呼び、近隣では美味なるものの一つとされてきた。栽培技術や肥料の進歩、品種改良が今日ほど進んでいなかった時代、農作物はどこでも同じように生産できたのではなく、いわゆる特産地というものが顕在していたのだと思う。

今日の一般的な葱は、軟白化した最頂部からすべての青葉を出しているが、「ハイジマネギ」の場合は青葉が間隔をおいて交互に重なり合って生じ、ちょうど「十二単」の襟元のような優雅な姿をしている。甘い味の柔らかい葱である。こう書いてきて、少し心配なのは、今では、純粋に「ハイジマネギ」という固定種が存在するのだろうかということである。もう存在しないのでは、と思える事象を散見するからであるが、それは…葱は花粉による交雑が起こりやすい作物だからである。四月から五月、大きく膨らんだ葱坊主が割れ、黄色い小さな花房が現れると、そこには蜜蜂が群れ集まり、この植物の生殖の営みを助けるのである。かつてのように、拝島で「ハイジマネギ」だけが作られていた時代であったなら、この蜂の助けを借りた種から育てた葱は「ハイジマネギ」であったろうが、今日のように多品種の葱が栽培されている多摩で、昔のような種の取り方を続けたなら、「ハイジマ」の特性はたちまち失われるはずである。

幸い、「ハイジマネギ」は分蘖《ぶんげつ》生殖の性格も強く、分蘖株からの種を使うのなら、そこから生産される葱は、交雑はあっても「ハイジマ」の味を大きく損ねることはないだろう。大事なことは種株を維持することである。

私は、近しい耕作者に、葱種を採る株は種から育てた株ではなく、株分けで育てたものからでなくてはと、そして、その株分けを繰り返し種を採るのだと説明するのだが…。解ってもらえたという確信はまだない。

ではあるが、「拝島の葱」は相変わらず美味しいと褒められる。その理由は品種だけではなく、地《ち》味《み》によるところも大きいと思われる。その葱が栽培されている拝島の「下原（しもっぱら）」は、多摩川北岸に広がる河岸段丘の中で、「拝島・青柳面」と呼ばれる特殊な台地上に位置している。ここは比較的新しい多摩川の旧河床で、「立川面」や「武蔵野面」のようにローム の堆積がない台地で、川が運んだ堆積物がそのまま地表を形成しているところである。地味が豊かで、特に葱の栽培に適しているらしい。この台地の西の端は福生で、ここでは玉川上水より南側に位置している。昭島市では、拝島駅の西南部に広がる小荷田に代表され、東に行くに従い一段上のローム「立川面」が南に迫り出すため狭められ、市域の東端（郷地）で一端途切れる。再び姿を現すのは立川の柴崎町・普濟寺周辺からである。諸兄姉の分かりやすい場所で言えば「立川面」にある立川高校の校庭南端に立ち、塀の外を見るとそこは校庭より一段低くなっているのが分かる。そこが「青柳面」という段丘で、ここから国立市の青柳に広がり、甲州街道沿いに谷保天神の坂下まで続いている。立川高校の南端の、この「はけ（河蝕崖）」の下から湧水があるのだけれど、今は暗渠になっているので見ることはできない。そして、それが「矢川」（立川面と青柳面の境を東流している）の源流であることを知っている人は立川や国立の住民でも少なくなっていると思う。

また、葱の話に戻るが、普通の葱の栽培法には九月に蒔き、翌年の春に定植する「秋ぶり」と、早春に蒔きプラスチック・フィルムのトンネルで育苗し、初夏に定植する「春ぶり」とがある。かつては「秋ぶり」が中心であったが、今日では栽培期間が短い「春ぶり」栽培にシフトしている。

育苗の仕立て方は違っているけれど、定植後作業はどちらも同じで、秋になると土寄せと追肥を繰り返し、軟白化を促す。晩秋から早春までの寒い季節が葱の旬である。

春になり気温、地温が上がり始めると葱は新しい命のための営みを準備し、軟白部の中心に葱坊主が生まれ、それが成長を開始する。これが始まると数日のうちに葱の味は変わり、独特の蘞味《えぐみ》が増し、旨味が失われる。桜が咲く頃から初夏にいたるまでの数ヶ月が葱の味が落ちる時節である。

葱の仲間にはこの坊主の出ない「分葱」というものもあり、この時節に限り使われるが、一般的に生産性に乏しく、味も劣るので生産量は少ない。

私のところでは普通の一本葱と、この「分葱」の中間種とも言える京野菜の「九条葱」を中心に作っている。葱坊主は出るが、他のものと比べ一ヶ月ほど遅く、出ても坊主を摘み取ってしまえば、たちまち分蘖し、新たな葱に更新するという優れものである。そのうえ青葉も柔らかく、その美味しさは他の追従を許さない。私の作る「九条」は購買者の評価も高く、一時期、高級スーパー「紀ノ国屋」に出荷していたほどである。

こんな能天気な葱自慢をする私にも、春先の葱の味の変化に重なる「苦い思い出」がある。それは我が家の長男が、長い学生生活の終末期に突然学問を捨て、仕事につき、結婚すると言い出した。私たちは子供が学ぶ大学町を訪れたが、子供の心の激変に驚き、お嬶は泣いた。

帰途、菜の花が咲き、麦が青々と伸びた田舎道を二人とも無言のまま車を走らせた。正午をはるかに回った頃、路傍の蕎麦屋に入り、遅い昼飯をとった。出てきた蕎麦は期待以上に上等な出来であった。

しかし、蕎麦汁に落とした薬味の葱は蕎麦を台無しにするようなひどさだった。私が「春先は葱の味も変わるな」と言ったら、お嬶の赤く腫れた目からまた涙があふれた。


（二〇〇八年六月）

ホタルの復活を考える「蛍光と対策」

六月の初め、『農と水のある風景』の写真家小川智夫さんから電話があった。立川の実家を流れる柴崎分水（玉川上水の）にホタルが大発生したから見に来てくれという。田植えの途中で、忙しい時であったが、二〇年ほど前に同じ玉川上水の拝島分水が暗渠化されようとしたとき、それに反対する運動に関わったこともあり、私としては行かざるを得まいと、柴崎育ちの家内を伴い馳せ参じることとなった。

小川家は江戸時代には柴崎村（立川）の名主の一翼を担った名家（車屋）で、広大な屋敷に柴崎分水が流れている。また邸内の河蝕崖（はけ下）から湧水があり、共に根川に注いでいる。どちらも清流が流れ、ホタルの幼虫やその餌となる「かわにな」の生息する条件を備えている。また、小川家の庭の植え込みは東に隣接するもう一軒の小川家の鬱蒼とした屋敷森と共に街の灯を遮り、雌雄のホタルがラヴサインを交換する暗がりを提供し、逢引を助けている。

私たちが到着したときはもうすっかり暗くなって、用水脇のアザレア類やアジサイの茂みに山吹色の蛍光が四つ、三つ、五つと息づいているのが見えた。か弱い光はメスで、力強く光っているのはオスである。

突然、オス・ホタルが飛翔――――、蛍光はいっそう強くなり、闇夜に線を描きながら頭上を越え屋根の高さまで昇り、別の茂みへと降りていった。

このたびのホタルは小川家の屋敷だけでなく、少し上流にある住宅地に残された小さな畑の暗がりにも広がって、数十という単位で生息しているように見えた。それが立川駅の南、立川高校からほんの数分という町の中の出来事である。

このホタルはどこから来たのか。その晩、小川さんの実家の応接間には、小川さんの同級生も集まって、そんなホタル談義がいつまでも続いた。

多摩川の中流域の「ホタル（ゲンジホタル）復活」の動きは、この川の汚染がピークに達した昭和四〇年代の終わり（一九七〇年代）に福生や拝島で始まっている。福生の場合は公的な施設で展開されるが、拝島の場合は、宮川仙之助さんという方が「もう一度、ホタルを」という想いで始めた個人的な活動で、その方法は多摩動物公園等から手に入れた幼虫を自宅の観賞魚の水槽で育て、近くを流れる「昭和用水」に放流するという小さな運動であった。しかし、この運動の小さな成功が報じられると、これに賛同する人が次第に増え、「昭和用水」流域の大神や立川にも広がっていった。また、同様に自分で飼育した幼虫を玉川上水の本流に放す人もあり、今では昭島市域では各所でホタルが見られるようになった。

このホタル復活の舞台になった「昭和用水」という堀は、江戸時代から「九ヶ村用水」と呼ばれてきた拝島村から柴崎村までの九ヶ村の水田用水で、福生・石川酒造の西、「千手院下」の多摩川に堰を入れ、取水してきた。それを昭和一〇年代に東京の飲料水「玉川上水」を補完する水路として浚渫《しゅんせつ》した水路である。

東京の都市化が進み、水需要が拡大すると、羽村堰での多摩川から玉川上水への取水だけでは大都市を支え切れなくなり、「秋川の水も」と、両川が合流する拝島先に堰（昭和堰堤）を入れ、その水をこの「九ヶ村用水」に流し入れた。それを私の家の南、はけ下の沈殿池に溜め、そこから強大な揚水ポンプで玉川上水に補完送水した（昭和一七年完成）。それ以降この堀の公式名称は「昭和用水」となったが、流域の住民は今でも昔のままの「九ヶ村用水」、あるいは立川まで流れる堀だから「立川堀」と呼んでいる。

しかし、この「昭和用水」への変化は、この用水路がホタルの復活運動の舞台になりえた理由の一つかもしれない。というのは、昭和四〇年代の河川汚染はこの堀にも及んだが、汚れたといっても飲料用水の余水である。他の河川の汚染と比べれば軽度のものであったと推測される。それに加え、拝島青柳面下の河蝕崖から出る一連の湧水が合流し、汚染を薄め、あの河川受難の時代にあってもホタルの生息する水質を辛うじて保っていたのであろう。

小川家を流れる「柴崎分水」や湧水はこの昭和用水の流末に合流している。それゆえ、このたびの半世紀ぶりのホタル出現はその昭和用水から「復活ホタル」の幼虫が遡上したか、成虫が飛来して産卵をしたと考えることもできる。あるいは柴崎分水は玉川上水から取水しており、砂川の松中橋近くに水口を持っている。その玉川上水にもホタルが生息するようになっているので、そこの幼虫が流れてきて繁殖したとも考えられる。

市街地近くで、半世紀ぶりに、どうして…。発生原因はミステリアスで、その他にも、いろいろと推測できるだろうが、河川の水質が向上し、生息条件がそろってきたことが何よりもの理由で、どんな経路であっても少数のホタルが住み着けば、このたびの「柴崎分水」のような大発生もありえるのだろう。

水質について言及するなら、多摩の河川の水質はこの数年で飛躍的に改善されたと思う。それには多摩川北岸と比べ大幅に遅れていた南岸（右岸）の下水処理場（八王子市小宮）と下水道網が完成したことで、今まで北岸に偏っていたホタルの復活をこれからは南岸のあちこちで聞くことになるだろう。

ところが…である。清流を取り戻し、ホタルが復活したことは喜ぶべきことではあるが、このホタルを手放しで喜べない事情もある。それはこの「復活ホタル」が多摩古来のゲンジホタルではないため多摩の生態系を乱したという批判が聞こえてきたからである。ゲンジホタルは日本固有の種であるが、関東、関西、日本海側など、遺伝子の異なる群れが住み分けていたという。本来の関東のホタルは光の点滅周期が四秒であるが、「復活ホタル」のそれは短く、他地域のものが持ち込まれたという批判である。

多摩本来のゲンジホタルは絶滅したわけではなく、今でも奥多摩の沢や谷地にはかなり生息しているらしい。とすれば、今後の「多摩のホタルの…運動」の手順はみえている。難しいのは今の「復活ホタル」をどうするのかという問題である。「復活ホタル」の駆除ということもありうるかもしれない。もしも、そういうことになったら、今までホタル復活運動を通して自然の大切さを教えてくれた人々が味わう失意をどう癒すのだろうか。この人たちの活動が清流復活の一つの契機になったことは確かで、それは評価されるのが当然で、もちろん評価されているのだろうけれど…。
ホタル談義はまだまだ終わりそうもない。

（二〇〇八年九月）

古代米を育てる

もうひと昔以上前のことではあるが、古代米（紫米＝糯）を作ったことがある。種籾をどのようにして手に入れたのか、もう定かではなくなっているが、紫がかった黒く大きな籾であった。その一握りほどの種籾を、大型の「セメントをこねる舟」を苗代にして育てた。早苗のときから野性をむき出しにした荒々しい姿をしていた。水田は、畑と比べ、隣接する田への影響が大きいので、人目につかないようにと、他人の田から遠い、小さい田の中ほどの一畝に手で植えた。

それでも、田植えから暫くすると、濃緑の古代米は両脇に黄緑色の現代米を従え、その異様な存在が日ごとに人目を引くようになった。田は見知らぬ国の国旗のような姿になった。近くの田を耕す百姓から「何を植えたのよ！」とたびたび訊かれた。その質問は「変なものを植えるなよ」と言われたように聞こえ、そのたびに「すみません」と謝りそうになった。

梅雨が終わり、本格的な成長が始まると、古代米は現代米の尋常な姿から大きく逸脱した姿になった。荒々しい草丈は節々で肘をついた腕のように屈伸しながら横に伸びて這い、二メートルを超えるほどになった。そして出穂した。その最初の穂に花が咲き、登熟が始まっても、株元や屈伸した節から新しい芽が次から次へと吹き出した。その脇芽が成長し、やがてその芽の先にも出穂した。そして秋が深まるまで分蘖と出穂は終わることなく続いた。その結果、稲穂の実りに時間差が生まれ、また実る稲穂の位置もまちまちで、高低差があった。

このような草姿は、「えのころぐさ」や「めひば」「のびえ」など、イネ科の野草と同じで、実りに時間差があるのは大挙して渡ってくる渡り鳥の食害を免れ、子孫を残すためだろうか。稲穂の位置に高低差があるのは洪水や日照りに対応するためであろう。また、一粒、一粒の籾に「野毛」という鋭い針がついているのも動物からの食害を防ぐ手立てかもしれない。そのどれもが種を守ろうとする野生が求めたもので、進化のふしぎが現れていた。それとも、これもまた…創造主の心配りであろうか。

日本で稲作が始まったのは弥生時代だが、この時代の米は、まさしく私たちが古代米と呼んでいるもので、私が作った「紫米」もその一つだったのだろう。その頃の米の収穫道具で、「石包丁」という半月形をし、紐を通す穴が二つある磨製石器がある。これは稲など収穫時に穂だけを刈り取る「穂刈り」に使われたものだという。この時代の米は、まさしく私が耕作した古代米「紫米」のような米で、実りに時間差があった。言及するまでもなく、この米を株元から刈り取る「株刈り」をすれば、未熟な穂を犠牲にし、収量を減らすことになるので、完熟した穂のみを摘む「穂刈」だったのだと言われている。半月形をした「穂刈器」の紐を手首にかけ、円周部の歯を手のひらに押し付け、その間に挟んだ穂首を折りとったのだという。

このような古代米に対し、現代種の稲は生育のある時点で分蘖が終了すると、一斉に出穂し、登熟が始まり、そして完結する。どの株の、どの穂も実りに時間差がなく、実りの姿が同じなので、全草を株元から刈り取っても未熟米を出さない。株元から刈り取り、同じ高さ（位地）にある穂を千歯こきや脱穀機にかけることが可能になったのである。また、脱穀をした後の藁も同じ姿をしているから、そして、硬かった藁に適度な柔軟性が加わったので、縄や俵、その他の「わら」製品への加工も可能になった。さらに、刈り取りや脱穀作業をする上で、不都合なケバケバ（野毛）も退化させた。

消費者の米に対する評価は何よりも味の良さであろうが、生産する者には、収量と共に、いかに「栽培しやすい植物」にするかが、昔も今も、重要な課題である。

古代米の自然界やその変化に対応する進化の神秘にも感動するが、その野生を抑え、人間に都合のよい現代種へ品種改良を続けた人々の努力と、それに応えた「稲という種」の適応性にも心を動かされる。

千歯こきや俵の出現は江戸時代であるから、その頃までに現代種に近い米（ジャポニカ米）が生み出されたのだと思う。

稲の「穂刈り」は江戸時代に終息したと思われるが、日本では今も、小規模栽培の粟や黍など、イネ科の雑穀の収穫は穂刈で行われている。株刈りにするにも脱穀機にかけるにも草丈が長く頑丈すぎるからである。

戦時中、父も叔父も出征し、我が家では男手をすべて失い、祖母が一人で畑を守った。稲を作ることが不可能と判断した祖母は、「穂刈り」で収穫できる粟と黍を育てた。穂刈りされた黍や粟は天日干しにして、「クルリ棒」で棒打ちし、脱穀した。機械操作ができない女手でもできる収穫方法であった。学齢前の私が祖母を助け、穂刈りの穂を小さな背負い籠に入れて運んだ日のことは、今でも年老いた叔母たちの語り草になっている。

その粟のことで、もう一つ思い出したことがある。戦中か、終戦直後の食糧難の中でのことである。祖母が収穫した粟を筵にひろげ、天日干しにしていたところ、半分ほど何者かに持ち去られた。そして、その年の暮れの押し迫った頃、祖母が「粟を盗った主が分かったよ」と笑いながら家に入ってきた。近くの家で餅つきをしているのを見ていたら、「粟が餅にならなかった」と…。「自分で栽培したものなら、糯・粳の区別がつくはずであるが、それが分からないのは…」と。我が家で作っていたのは「粳粟」であった。その頃は、日本中の食料が欠乏していた。

イネ科の植物には米だけでなく、粟、黍、稗等、大抵の種に「粳」と「糯」があるらしい。とうもろこしさえ例外ではない。現代のスイートコーンが出るまで、歯に絡みつくような噛み応えのある「糯とうもろこし」を旨いといって、その収穫を喜んだあの日、あの素朴な味が今では懐かしい。

イネ科の栽培植物には、受粉した胚乳（種子）に花粉（雄）の性格がすぐに現れるキセニア xenia という特徴もある。普通の作物、たとえば、かぼちゃとかトマトでは、たとえ他の品種の花粉を受けても、果実の形や味に変化が出たりすることはない。結果はその種から成長した次世代の作物やその果実に現れるのである。

しかし、イネ科植物の場合は、花粉を受けて実るそのものに結果が現れる。アメリカの原住民が栽培するとうもろこしがその例で、一房に様々な色や形の粒が虫歯のように並んでいるのを見たことがある。あれはキセニアが一番よく現れている例ではないかと思う。

また、飼料用のデントコーン dent corn の雄花が咲くと、近くで栽培するスイートコーンがまずくなると言われている。あきる野など、いわゆるとうもろこし街道のスイートコーンも、最近では「味が悪くなった」と評判がかんばしくない。その名誉挽回には、原因となっている飼料用とうもろこしの栽培を規制する必要があるかもしれない。

今、日本で栽培されているスイートコーンの大多数は一代雑種 hybrid で、その種子はアメリカで作られているらしい。とうもろこしがもつキセニアという特徴を上手に利用した商売である。二種類のコーンを並列に蒔いて育て、胚乳（雌花）を生かす側の雄花はそれが開花する前に切り落とされる。そして交配すべき、隣接する雄花の花粉を授精させて種子を採り世界中に売っている。

米（稲）も当然、このキセニアという特徴を備えている。一般農家が自家産の種を繰り返し使い、作り続けていると、いつの間にか他の米の花粉の影響を受け、その品種の性格を維持できなくなり、様々な姿の稲が現れ、収穫した籾が種の役目を果たせなくなる。

私が古代米を作った翌年、風下（北西）に隣接する田には、背丈や葉色の異なった様々な姿の稲が現れた。たぶん、野生の名残がある古代米はその花粉の力も強く、その遺伝子を隣の米にしっかり注ぎ込んでいたらしく、その異変はこれまでに見たことのないような異常な現象になった。それを見た私は「これはまずい。まずい、まずい…」とあわてた。そして「補償を求められたらどうすればよいのだろうか」と稲は黄色くなりはじめたが、私は青くなった。

しかし、幸いというか、ありがたいことに、隣の田の主は原因が古代米にあるとは気付かない様子で、「何年も取り播きで作り続けたから」と原因を分析し、「来年は種を買わないと…」と言ってくれた。私の田んぼでの古代米作りが、その年限りで終わったのは言うまでもない。

古代米（紫米）の黒紫の色素は糠の色で、強く精米すると色は薄くなった。その米を餅にすると薄紫のこしの強い餅になった。玄米のまま、一握りを飯米に混ぜると、鮮やかな紫色の飯になった。その彩りは古の宴の雅を思わせるもので、我が家で紫米を炊いた日は、苫屋の食卓にも常日と異なった空気が流れた。

（二〇〇九年四月）

私は「よもぎ派」

私は「よもぎ派」である。

代々木に党本部がある日本共産党系のセクトが「代々木派」と呼ばれていた時代があったが、あれではない。「虫刺され」の特効薬の話である。

私が自ら「よもぎ派」を自認するのは、教員生活や、その後の百姓生活の中で、この植物の恩恵に浴する機会が多かったからで、この草の持つ幅の広い薬効には信仰に近いものを持っている。飼っているミツバチや軒下に巣を作るアシナガに刺されることはよくあることで、回数は多くはないがスズメバチにも刺されることがあった。そんなとき、新鮮な「よもぎ」の葉を傷口にこすりこむだけで痛みや痒みが治まり、被害を翌日まで引きずらないで済んだ。蚊やアブ、ブヨ、毛虫に刺されたときにも有効で、田畑や野山で、痒み止めの用意がないとき、その場で用立てすることができ、買い薬以上の働きをする頼もしい存在である。

昨年の夏、高校時代の友人で、「日本山岳会　高尾の森づくりの会」(林業再生支援のNGO)代表の河西瑛一郎夫妻が新潟で田植えをしての帰途、我が家に寄り道して、農作業の話をしながらお茶を飲んでいった。二人とも顔のあちこちを「ブヨ」に刺されてぶちぶちに腫らしていた。日本海側の強烈なブヨに…。同期生のマドンナであった夫人も、見る影もないほどのひどさであった。私はすぐに庭隅の「よもぎ」の新芽を摘み、二人に手渡した。二人とも「こんなもの効くのか」という顔つきであったが、辛かったのか顔に緑色の汁を塗っていた。そして、しばらくすると、「あれ、…効いたかな」という顔をしていた。その後の報告はまだないが、私は薬効有りと信じている。

「よもぎ」は薬として、でなく、食べ物としても優れ、天ぷらは春菊に似て、その香り、深い味わいは春菊をはるかに超えている。また「よもぎ」を茹でて、蒸した米の粉に混ぜて搗いた「よもぎだんご」や「草餅」は酒を飲まない私にとって最高のおやつである。この食べ物を思っただけで脳の中にドーパミンがあふれ出るのか、幸せな気持ちになる。

この「よもぎ」の若芽を春先だけのもののように考える人もいるが、この生命力の強い野草は刈り取れば、そのあとに新鮮な若葉を広げてくれるので、季節を問わずいつでも利用できる。秋になると上部は枯れるが、夏に徒長して、枯れ朽ちた草の根元には、もう翌年の命がロゼット rosette の姿で準備されている。これがまた実にうまい。そして、寒さが来れば少しは痛むものの、枯れススキなどで霜をよけた個体は、真冬でさえ私たちのささやかな期待に応えてくれるので、一年を通して利用し楽しむことのできる植物だといえる。

我が家では私の「よもぎ派」に対立する「枇杷の葉っ派」もある。党首はおかあ（家内）で、家運をほぼ掌握している。手仕事や細工ごとが好きだと言っていたが、いつの間にか、庭いじりや草花遊びもするようになり、この頃はガーデニングを楽しんでいる。その草取りの最中に「むかで」に指先を咬まれたことがあった。「痛い」と叫んで、腕を抱えた。その腕がたちまち紫色に変色し、肘の辺りまで腫れあがった。

すぐに近くの外科病院に駆け込み受診したが、その治療というのがリバノールを塗りたくり、包帯をぐるぐる巻きにするというわけの分からないチンキなものであった。それ以来、彼女の近代医学への不信感が募り、今では自然療法一辺倒である。『一条ふみさんの自分で治す草と野菜の常備薬』を手始めに、東城百合子『家庭で出来る自然療法』、安保徹『「薬をやめる」と病気は治る』と研究が進み、その結果「枇杷の葉っ派」を創設宣言した。そして、その臨床実験では「華岡青洲の妻」役を私に演じさせることとなり、薬（役）害は限りなく続いている。

私は数年前より前立腺を患い、その癌を小線源治療で手術したが、この病が診断されて以来、「枇杷の種」を粉砕した粉や「枇杷茶」を飲まされ、また「スギナ（土筆の親株）の茶」も飲まされている。これほどまずいものはなく、本当に酷い目にあっている。こんなものは飲みたくはないのだけれど飲まなければ、後が「おっ家内」ので、何とか湯呑を空にしなければならないが、You! Know me?（湯呑）と言いたい。

それでも、彼女が一番信奉している「枇杷の葉」がもつ治癒力、自然の力には私も感心することがある。疲労がたまり体調を崩したときや風邪のひき始めに、「枇杷の葉」で足湯をすると身体全体が温まり、身体から病根のすべてを排出することができたような爽快感を味わうことができるから不思議である。

また、家内は普段から枇杷の葉のアルコール浸出液を作り置きして、虫刺されや筋肉痛にスプレーしている。自分や家族だけならよいが、来訪したお客にまで、虫に刺されたと聞くや否やこのスプレーが噴射されるのはどうしたものかと思うが…。

そう言う、俺も、この作文をしているのだから、「同じ穴の…か！」。

我が家では、その他「げんのしょうこ」「どくだみ」「センブリ」なども収集・利用・常用している。

それから、日本の野草ではないが、英国の軍隊に常備薬だと聞いているティトリー油 tea tree oil に対する信奉も強い。ティトリー Tea tree はお茶の木ではない。Oxford の辞典には次のように載っている。

「Australian tree. The oil from its leaves can be used to treat wounds and skin problems.」

オーストラリア産の植物から抽出されたこの油は、切り傷、虫刺され、うがい、花粉症の鼻詰まりなど、広範な病症に薬効があり、私もその恩恵にひれ伏す一人なのではあるが…。

少し話が変わるが、英国の万能薬がティトリーなら、日本の民間万能薬は「マムシ酒」かもしれない。スキー教室が盛んな頃、生徒や学生が捻挫すると、定宿にしていた民宿のおばさんが煤け汚れた一升瓶を取り出し、赤黄色い液体をガーゼに染み込ませて、患部を湿布してくれた。その一升瓶の中には、マムシがとぐろを巻いていた。

学生、生徒たち、特に女性はキャーキャー、ぎゃーぎゃー言いながら、それを受け入れていた。不思議なことに翌朝にはスキーができる程度に回復していることが多かった。夏にはこの焼酎が虫刺されの特効薬に変わっていたし、飲めば疲労回復にも、「あっちの方」にも効果があるとも言っていたが…。

友人の一人が、父親の葬儀で心身とも疲れ、仕方無くこれを試すと、元気が出すぎて眠れなかったという笑い話もあるほどである。私もその効能に感動し、民宿のおばさんに頼み一本手に入れたが、自分で使ってみると、その匂いは魂消《たまげ》るほどの酷さで、今は納戸の奥でとぐろを巻いてもらっている。

長野の民宿では、この他に古釘の刺し傷治療用の「ムカデの油漬け」や、やはり虫刺され用の「馬のぶどうの焼酎漬け」が用意されていた。「馬のぶどう」というのは紫や緑などパステル色の実をつける「野ぶどう」のことである。

セクトはともかくとして、私たちが「よもぎ派」や「枇杷の葉っ派」として生きていることは、我が家のエコロジーなものの考え方や主張、生活そのものであり、農薬に頼らない有機野菜の生産にも繋がっている。私が「よもぎ派」であったことは、私の人生の中で、大方、よい方に振れ、多くの人から感謝されたり、褒められたりもしたが…。ただ、一度だけひどい目にあったことがあった。

教員として最後に赴任した、本書「母校の教育」（二二頁）で既述の、あの「異国の丘」高校で、誰もなり手のいない水泳部の顧問になった。定年の前年、小金井市で行われた多摩地区の大会で引率したとき、競技中に一人の生徒がアブに噛まれ、腕が赤く腫れた。私が子供の頃にはよくあったことで、そのときも大事には考えなかった。今までどおり、よもぎの汁でも塗れぱと、近くの草むらにそれを探しに出た。しかし、その生徒とその取り巻きたちは、「先生が何もしてくれない」と父母に電話し、近くの医院で診察を受けた。それが学校の保健室、そして管理職に伝えられた。処分は免れたものの教員の間でも批判が起こり、信頼を失う羽目になった。ステレオタイプの若い教員たちには、何事にも、「資格を持っているのですか」とか、「専門家ではないでしょう」「責任の範囲内で仕事すればいいのに」と批判された。

これには口に出しての反論はしなかったが、それでも「資格やマニュアルで仕事ができるか。万能ではなくとも、百姓が作物を育てるのと同じで、何事にも自分なりに判断を下し、自分なりの方法で関わっていくのが生身の教員で、ロボットじゃねぇんだ」と心の中で叫び、「おめえらと視点、考え方、立っている基盤が違うんだよ」と、「よもぎ派」の旗を降ろすことなく、「異国の丘」で定年を迎えた。

あれから、「よもぎ」に紛れて暮らして、一〇年をはるかに超えた。

（二〇〇九年七月）

人参は助兵衛

近くの団地で、日曜朝市がもう一〇年も続いている。その朝市でも「宮岡さんの坊ちゃん」は人気ものである。かぼちゃの話である。

かぼちゃでも、褒められれば、ほくほくでうれしいけれど、自慢はこれだけではない。ジャガイモやサトイモ、大根や人参といった根菜類の栽培にも自信がある。中でも人参については自分のものが地域で一番の味ではないかと自負している。「お宅のは見た目も、味も、最高！」などとご婦人方から言われて、すっかりその気になっている。

東京（多摩）の人参の生産量は清瀬や西東京市などの主生産地を中心に、秋の一時期、築地市場の価格を左右するほどだという。私はその清瀬の下清戸で五年間、二町歩《ちょうぶ》（ヘクタール）余りの営農を請け負ったことがあり、その折に、周辺で展開される人参栽培のいろはを見聞きし、その極意を修得させてもらった。そこで覚えたことが、私の今の人参栽培を支えている。

中でも、圃場に鋤き込む動物性蛋白質が味の決め手になっているのを知ったことは大きい。清瀬では、その蛋白質として「肉骨粉」が使われていた。六月から七月の初めにかけ、畑の土作りが始まると、その臭いを嗅ぎ付けたカラスどもが集まってきて、大群が上空を旋回していた。

人参栽培のもう一つのポイントは、発芽を確実にさせることで、この成否が収量を左右する。発芽を難しくしている所以は人参の種にある。本来の姿は黄色い、毛羽立った扁平な小片で、特に発芽が難しいわけではない。ところが軽く毛が絡み合い、一粒一粒を判別するのが難しいため、機械播きには適していない。

そこで大量に作付けされる優良品種の「向陽」や「ベーターリッチ」等は機械播きをするために種を豆粒状にコーティングし、大きさや形状を整えているのだが、その皮膜が発芽を難しくしている。この形状の種が発芽するためにはそれを溶かさねばならず、それだけ余計な水分を必要としているからである。

特に、秋冬人参の場合、播種期が七月後半になるため、早めに梅雨が明け干天が続くと悲惨で、まともな発芽は期待できない。百姓の言葉で、「パラン、パランで、地面に目ぇくっつけて、透かして見ねぇと、うねが確認できねぇ」という情況になる。

本来の姿をした人参の種は、「小泉」とか「あすべに」とか、たくさんの種類が販売されてはいるが、広い畑に蒔くのには不向きである。

朝市が一段落して、お客がまばらになると、野菜を売っていた百姓たちは二人、三人と集まって雑談が始まる。そこで、こんな人参種の話をしていると、「人参の種は助兵衛だどぉ」と年寄りの百姓が筋違いなことを言い出した。「種を覗いて見たことがあるべぇが…」「見てねぇ」「ふんとかよ。見てみろい。あっ、は、は、は」と。

昨年の夏は、梅雨が明けると、干天続きになった。三アール（畝）ばかりに「向陽二号」を蒔き、安全策に、「あすべに」のはだか種を一袋蒔いた。そして、「助兵衛」を思い出した。

「わぁ、これはすごい、ほんとだ。あっは、は、は…」と笑った。畑の中で一人で笑った。

そして、子供の頃の懐かしい風景を思い出した。今では、もう、お目にかかることはなくなったが、この人参種の形をした落書きが校舎の外壁だとか、民家の板塀とか、電柱にも書かれていた。その頃の私は、潔癖感が強く、その落書きの存在さえ認めたくなかったが、その形を忘れてはいなかった。

銀杏ではない、前の東京都のマーク、あるいは地図にある工場のしるし、その真ん中に縦線をいれ、外側にケバケバをいっぱいつけたもので、脇に「太郎と花子はやった」などと添え書きがあるのが普通だった。人参種の形は、ケバケバいっぱい、縦線入りの東京都のマークに似ていた。

校舎の落書きは、おそらく先生に命じられて子供たちが消したのだろうが、風化された板にチョークの粉が染み込んでぼんやりしていた。

板塀に落書きされた家のおばさんは「やだよぉ。こんなこと書いて…」と嘆いていたっけ…。二、三日するとそこが真新しい板に張り替えられていたりして…。そんなことも、あんなこともあった。

小さな「人参種」を覗くと、その向こうに遠く、ほのぼのとした懐かしい故郷の風景が見えた。

（二〇一〇年五月）

アカシアの雨が

「五月晴れ」というだけあって、天候不順の今年も、五月になって晴天が続いている。五月は百姓が一番忙しい季節かもしれない。夏野菜の植え付け、じゃが芋の中耕、キャベツ、大根の出荷、田植えの準備も始まっている。

軽トラックを駆って、多摩川の岸辺の道を西に東に行き、帰る。季節の移り変わりに心を留める余裕もなかった。ふと、柔らかく、甘い香りが心に滲みてきて、速度を緩め見わたせば、アカシアの花が咲いている。いっぱい咲いている。白っぽいクリーム色の花が若葉の緑を圧倒するくらいに咲いている。短いけれど、フジのような花房が香っている。

国道一六号の拝島橋の上から望む多摩川の河原はアカシアの花の海になって、花の波頭が奥多摩の山に向かって広がっている。高木は橋の高さを超えるものさえある。

「アカシアの雨にうたれて…」と西田佐知子が歌う曲が街に流れて、毎日が六〇年安保闘争に明け暮れていた今から五〇数年前の学生・青春時代に、私は、この歌にあるアカシアの花を知らなかった。アカシアは遠い北国の札幌のロマンと認識していた。

そのときも、この多摩川に存在していたのだけれど…。

それは、その頃のこの木は「アカシア」とは呼ばれていなかったからだ。

一九五七年に小河内ダムが完成するまで、毎年洪水が河原を押し流し、樹木があっても大木に成長する余地はなかった。今、林をなしている、柳やアカシアは根を砂利の中に残してかろうじて生き残るのが精々で、そこから春になると太く長いシュートを伸ばし背丈を越えて成長していた。そこには成木には見られない大きな鋭い棘を羽織っていて、人々は「アカシア」などとロマンが香る名前ではなく、「台湾バラ（失礼）」と呼んだ。この触れば痛い若木も、薪の購入がままならない人々により「ネコヤナギ」と呼ばれていた柳のシュートと共に刈り取られ、かまどや囲炉裏の燃料となった。河原の樹木は「バラ」と「ネコヤナギ」を再生産していた。

今、「アカシア」となって、甘い花を咲かせるこの木に、ロマンを感じる若者は、五〇年前の青年ほど多くはいないだろう。

今、この花に関心を寄せるのは養蜂業者で、川沿いには一場所に五〇ほどの養蜂箱を並べているところがあちこちに点在している。実は私も少しばかりの蜂を飼っていて、このアカシアが特別な花であることを知った。蜂の状態にもよるが、桜やつつじなどからの集蜜では二〇日間から一ヶ月も要する量が、この花では開花している一週間ほどで可能なのである。短い間に集められるアカシア蜜は濃縮度が低く、淡く、さらっとしていて流れやすい薄い蜜ではあるが、香りが良いので価格はむしろ高めのようである。

しかし、河原を覆うアカシアについてこの数年変化がでてきた。それは昔の河原に戻そうという動きの自然保護団体が、福生市の永田橋周辺では河原の樹木を切り払い、重機を使い根を掘り起こしてしまった。果たして、カワラノギクやカワラナデシコが復活するだろうか。

ところが、この動きに対して別の自然保護の団体が異議を唱えているという。自然とはなかなか一筋縄では行かないものがあるようで、どのような結論が出るのだろうか。

多摩川のアカシアは本当はニセアカシア（ハリエンジュ）の俗称だという。でもアカシアという樹種があるわけではない。だから、ニセを止めてアカシアでいこうという運動が北海道あたりで始まっているらしい。「アカシアの町」になるために…。

アカシアAcaciaはラテン語で、マメ科アカシア属植物の総称である。春一番に燃えるような黄色い花を咲かせるミモザ（ラテン語）もこの仲間である。フランスではアカシア属の植物をミモザと呼ぶという。ネムノキの仲間、日立のＣＭで歌われている「この木なんの木」もこの仲間らしい。

八王子の街路樹で二〇号のバイパスの工学院から谷野の交叉点にかけて植えられているクリーム色や黄色いエンジュは春ではなく夏に咲いている。

私は、アカシアについて、二度ほどエッセイを書いたことがある。受験雑誌の時も、新聞社への投稿でも、没になった。青春時代に心に刺さった棘が抜けないで、今まで疼くような気持ちを引き摺ってきた。遅咲きでもいい、クリームでも、黄色の花でもいい、咲かせて棘を抜きたい。

（二〇一〇年六月）

クラインガルテン（塀のうちと外）

クラインガルテン kleingarten とはドイツ語で「小さな畑」というような意味で、日本でいう「市民農園」とか、「家庭菜園」といった、都市住民が自家用の野菜栽培を楽しむ場所である。

私が初めて本場のクラインガルテンを見たのは、東西の壁が崩れてから数年した夏であった。家内とレンタカーで南ドイツ、オーストリア、チェコ（南ボヘミア）を回って、フランクフルトに戻る途中、ヴュルツブルグ Wurtburg 近くの小さなホテルに二連泊した。長旅の疲れを癒す目的でもあったが、近くにライン川の支流マイン Mein 川が流れ、通船のために水位を調整する閘門があって、その様子を見たいと思ったからだ。

その船の上げ下げを何回か見て、それを見飽きるとその周辺をのんびり散策して過ごした。すると高い鉄柵で囲まれた四、五〇坪ほどの畑が並んでいる一画があった。中では初老の紳士が小さなトマトのような実を付けたジャガイモの手入れをしていた（今では、キタアカリやホッカイコガネも実をつけるが、男爵とメークイン中心の当時の日本では珍しかった）。

これが、クラインガルテンだった。

「グーテンターク Guten Tag」鉄柵の外から中の紳士に「こんにちは」と挨拶をすると、「日本人かね。畑に興味あるかね」とか、おそらくそんなことを言ったのだと思う。それからいろんなことを話し始めた。ドイツ語なので何を言っているのか分からなかったけれど、こちらも英語で、自分の畑のことを喋り捲った。お互いに意味は分からないけれど、それでも心は通じたようで、フェンス際の赤いバラを一輪切り取り、家内に手渡してくれた。私たちはそれをホテルに持ち帰り、グラスに挿して窓辺を飾った。そして、次の日も、その次の日もその小さな畑やブドウ畑を見に行った。

ドイツやオーストリアでは、英国やその支配下にあったアイルランドのように、普通、畑が垣根で囲われることはない。英国では一六世紀以降、囲い込み運動 enclosure movement により国土のほとんどが垣根で囲われ、私有地化されてしまった。これが個人主義の経済、資本主義経済の第一歩であった。それに対しドイツ民族の世界では、一九世紀半ば過ぎまで民族を統一する国家が成立せず、中世的な社会が続いた。そのためか、個人が耕作する畑にも、今でも「みんなのもの」という性格が残存しているようである。道路際に広がる果樹園にも垣根はない。赤く色づいたりんごが誰でも取れるように実っている。中世にあっては、旅人や貧者が喉を潤し、腹を満たすのに道際の果実をとることは許されていたという。

ここで生活し、研究や仕事をしている日本人の友人たちから、ハイキングやピクニックに出かけ、道端のラズベリーやプルーンを摘んできてジャムを作ったという話をよく聞く。それが許される国柄なのである。そんな国でも、クラインガルテンにはこれは許されない。だから鉄柵の中なのであろう。

国土が垣根で区切られている英国にも、小さな、小さな畑があった。英国は先進国でありながらというより、資本主義の歴史が長いだけ、貧富の差が大きい国である。地方の町に行くと、数少ない大金持ち（大地主）と多くの貧者（労働者）が大きな争いもなく共存しているのに驚く。労働者の多くが、大地主の所有する一、二階建ての長屋風のフラット flat に暮らしている。そこにも小さな庭があって、それが、どれもこれも畑に耕されて、トマトやかぼちゃが栽培されている。生活の足しにしているのだという。種を蒔き、苗を植えて、収穫を待つ。農作物を育てるということ、そこにはたとえ豊かではないとしても、安定した生活と幸福感が感じられた。私にはそんな風に見えた。昔の（『三丁目の夕日』の）日本もこんなだったと懐かしく思った。

垣根だらけの英国でも、大陸に近い東アングリア East Anglia では、あまりこれを見ることがなかったように思う。広々と麦畑や湿地が広がっている。

東アングリアの風景で思い浮かべるのは、アメリカ映画『メンフィス・ベル Memphis belle』の一シーンである。これは第二次大戦下、この東アングリアのアメリカ陸軍航空隊のB17爆撃隊一〇人の青年がドイツ、ブレーメンの工業地帯を爆撃する物語である。

物語のあらましは、敵戦闘機や対空砲火で友軍機が次々に撃墜される中、被弾しながらもようやく帰還する。そういう戦況の中で、空軍基地の周辺では、垣根のない広々とした畑で麦刈りが行われている。米将兵の一人がトラクターの農民に語りかける「今年のできはどうかね」と。イギリスなのに、垣根のない、ここ東アングリアには、故郷テネシー Tennessee の麦秋を思わせるだけの風景があったのではないだろうか。

米空軍の将兵と農民との交流は、多摩の米空軍横田基地でも垣間見たことがある。基地が武蔵村山に接するところに、平屋建ての家族向け兵舎 Barracks が並んでいる。フェンスの外は野菜畑や茶畑である。その兵舎の庭に敷きつめられた芝生の一部がところどころ剥ぎ取られ、耕されていることがあった。よく見ると、塀の外の畑と同じ野菜が植えられていた。「あんなことをして、いいのだろうか」と余計な心配をしながらも、「どこにも好きな奴がいるんだ」とうれしくなった。

日本でも、この数年、ガーデニングやクラインガルテンが大流行である。ホームセンターでは園芸種苗、グッズとツールの売り場面積を増やし、今なお増殖中である。屋上農園、ベランダ菜園、キッチンガーデン…。そしてドアの向こうの、誰も踏み込めない隔絶した畑も…。

（二〇一一年一月）

参考

映画『メンフィス・ベル』は実話に基づいている。実際の出撃は一九四二年から四三年にかけてである。当時のアメリカは日本の重慶やナチのゲルニカなどでの無差別爆撃を非難し、この映画のように学校や病院のある市街地を避け、軍事施設や工業地帯をピンポイントで爆撃することをアメリカの良心、戦争倫理としていた。まごまごしていれば撃墜、被弾の危険があるのに、雲が切れ、目標が確認されるまで爆撃を始めないという美談がこの映画の主題なのである。しかし、この映画が上映された一九四四年から、日本への無差別爆撃が始まっている。東京大空襲、そして原爆。「Remember Memphis Belle !」と、誰も叫ばなかったのだろう…。

となりのトトロ（プレゼントされた野菜考）

「これを見ろよ」ある日、百姓仲間の一人が私の手を引っ張るようにして近くの畑に連れて行った。そこは八〇歳代のベテラン百姓が耕作する畑で、収穫期に近い白菜が作られていた。

「わっ、すごいねぇ。こりゃあ、すごい」私も思わず驚きの声を上げた。見れば、白菜の根元に白い顆粒が土が見えなくなるほど撒かれていた。

「オルトラン（殺虫剤）だ。ずいぶん撒いたねぇ」と私が感心すると、その友人はそれが撒かれたときの情況を説明した。

「アオムシ（モンシロチョウ）、ヨトウ（ハスモンヨトウ）がひでえ（酷い）」と言って撒いたという。「収穫間近だから危ないのでは…」と言ったら、「葉っぱにぶっ掛けたわけじゃねぇから、平気だべ」と問題にしてくれなかったそうだ。

農業学校を出たベテランが「平気だ」と言うが、「…どうだや」と私の見解を求めてきた。

「葉っぱ（果実）にかけたのではないから安全」という農薬の使い方は、自家菜園や市民農園の野菜作りでは珍しいことではなく、多くの人が何の疑問もなく取り入れている。散布器具を必要とせず、面倒くさい希釈計算もなく、ただパラパラと撒けば、それなりの殺虫効果が出る、便利な薬である。オルトランに限らず、ダイシストン、ダイアジノン、ベストガードなどの顆粒農薬が、何の躊躇もなく使われているのを目にするのは、この白菜畑に限ったことではない。近くの市民農園の利用者が、ほんの数坪の利用区画のために、オルトランの五〇〇グラム袋を持っていたりして…。それも、誰も彼もが同じようにしていて…。

魂消た。たまげた。あの人も、この人も、何の疑問も、何の躊躇もない使われ方である。

これらの薬剤の危険性は薬効成分が水に溶けること。それを根から植物に吸収させ、その作物の枝葉に行き渡らせ、それを虫に食べさせて殺すわけで、もちろん人間が食する葉や果実にも薬剤が浸透しているのである。その上、これらの顆粒農薬は毒性の分解速度が遅く、大雑把ではあるが二週間から四、五〇日も要し、その間、毒性が持続する。その他の形態の農薬の多くが数時間、数日で分解することと比較しても、この顆粒農薬の恐ろしさが分かる。この様な顆粒農薬は、これも大雑把な説明になるが、播種、定植期など収穫まで時間があるときに利用するようマニュアルでは指示されている。また「ルビーロウムシ」や「カイガラムシ」のような撥水性の物質を身に纏った害虫で、体の外側からの薬剤散布では効果がないときに、食べさせて殺すように仕組まれている。それでも、平気だという人は、多分、ここの文章も読まなかったのだろう。

数年前の話だが、中国産「農薬混入餃子」の事件もあって、日本ないし、日本人の「食の安全」への関心は今までになく高くなった。そして、「国産なら安全」と考え、「国産の食品を、野菜を食べたい」という人が増えたように思われる。はたして、国産野菜はそうなのだろうか。安全なのだろうか。

このような風潮の中で、この数年の間に、農作物の生育中に使用する農薬に関する法が矢継ぎ早に制定された。

「トラサビリティ traceability」「ポジティヴリスト positive list」という二つの英語名の法律である。これは日本の食の安全基準を欧米のスタンダード（基準）にしようと、アメリカのものをそのまま取り入れたため、また翻訳し難いニュアンス nuance（微細な差異）を含んだ言葉なので、英語のままの法制となったのだと思う。そのため、農協からこの法律に関して最初の説明があった頃、百姓たちは「日本語で作ればいいのに」とか「何言っているのか分からねぇ」といって拒絶反応を示していた。しかし、この法が制定されて以降、今までにない頻度と真剣さで、年に二度、三度と、農薬講習会が繰り返され、否応もなく農薬の使用規制が厳しくなったのを実感することになった。

「トラサビリティ traceability」は英語の trace「足跡」とか「後を辿る」という意味の派生語で、要するに作物の生育期間中に使用した農薬が分かるように記録する義務を課した法である。

もう一方の「ポジティヴリスト positive list」という名称は、もともとアメリカの輸入に関する法律だったらしい。

Positive の反対語にあたる言葉に negative があって、かつて輸入禁止品を「ネガティヴリスト negative list」という表にしていた。しかし、この表（法）ではこの表以外の物なら、たとえ悪影響が考えられる物資でも輸入されてしまう弊害があった。そこで逆に輸入してよいものを列挙する「ポジティヴリスト positive list」にして、それ以外の物資の輸入を取り締まり、前者の弊害を除いた。

日本の農薬規制も、以前は「ネガティヴリスト」で、農産物毎に使ってはいけない農薬が並べられていた。しかし、想定外の薬剤が使用されることもあるし、数多くの新たな農薬が出現する今日、それが使用禁止リストに入っていなければ、有害であっても使用されるという問題が起こり得た。この方法では有害農薬の使用を排除することはできない、そこで登場したのが新法「使用許可農薬一覧・ポジティヴリスト」である。

この新法は、トマト、キュウリという農産物別に使用してよい農薬を列挙することで、それ以外の農薬の使用を排除しようとしている。

この新法の成立は、中国産をはじめ、海外からの野菜などの農産物の輸入が増大し、その安全性を確保するため、使用農薬の規制が必要になり、そのためには、まず国内の農産物の規制を確立させなければということだったのだろう。そして自国の農薬規制を欧米のスタンダードにすることで、名称を和訳する余裕さえなかったのではと…。

この二法が成立してから、販売を目的にした（生産組合加入の）生産農家には、分厚くて重い『病害虫防除指針』（東京都植物防疫協会）が毎年改訂され、届けられるようになった。そこにはトマト、ミニトマト、ナスなど農作物別に使用可能な農薬が、その対応病害虫、使用（可能な）時期、使用回数、希釈倍数などと共に「一覧表・ポジティヴリスト（使って良い農薬表）」となって載っている。

これをよく確かめて農薬を使用せよということで、私が属している「ＪＡ東京みどり」の農産物販売所でも、出荷と同時に、各農産物別の「生育記録」を提出することが求められている。また農薬講習会が様々な場面でおこなわれ、同じような失敗例が繰り返し解説されている。そして、違反が摘発されたときの連帯責任を仄めかす発言があったりして、百姓たちの緊張感を必要以上に高揚させている。

こんなわけで、今では、国内で販売を目的として生産される農産物の安全性は格段の進歩があったといえる。

ところが、この農薬に関する情報は同じ農協組合員でも、自家消費の生産者にはまったく流されていない。自家用生産者といっても、農家が生産する量は自家用を超えているのが普通で、その余剰生産物は、親族や近所友人に配られ、食される。市民農園、一坪農園の生産物でさえ、「自慢の野菜」としてプレゼントされていることを見過ごしてはいけない。

農薬の危険性に無頓着な人たちが一様に発する言い訳の言葉は「うちじゃあ、自家用だから。売るんじゃねえから…」である。

こんなわけで、新法が求める農薬情報が生産者のすべてに徹底されないままに、「国産だから安全だ」と、オルトランなどの顆粒農薬の水溶液で細胞を膨らませた野菜や、危険農薬で汚染された農産物が皆さんの食卓にも届けられているかも…。

ついでだから、食の安全について見落としがちなことをもう一つ書こうと思う。皆さん、お宅では庭の土に葱、大根、人参などを埋めてストックしていませんか。私はこのような方法で保存されることがないように、根菜類はすべて「洗い」で売り、葱も、大根も、人参も「泥つき」では売らないことにしている。何故なら、幾ら無農薬で生産しても、それを家庭用殺虫剤、洗剤、屋根や壁から流れ出たペンキなど、化学物質、重金属で汚染された庭すみの土に埋めさせたくないから…。庭の土に滲みこんだ有毒な化学物質は畑の農薬どころではないと考えるから…。

「ファブリーズ、シューッ」「農薬じゃないから」が恐いのである。

（二〇一一年四月）

月下美人（クローン植物考）

作家吉村昭の小品に『月下美人』というエッセイがある。

太平洋戦争の最中、予科練の練習生賀沢昇という人が、アメリカのスパイに唆され訓練機に放火、炎上させ、逃亡して逃げ込んだ北海道の「たこ部屋」で終戦を迎えた。その手記『雪の墓標』をもとに、吉村昭の『逃亡』という小説が出版され、その出版祝賀会が賀沢さんの住む拝島の団地の集会所で行われた。

『月下美人』はその祝賀会のあった晩の始終を書いたもので、その中で、「ひとりの若い教師が挨拶した」というくだりがあるが、それは私のことである。

その晩、祝賀会を終えて、吉村先生が家に帰ると「月下美人」が咲いていたというのだ。月下美人はシャボテンの一種で、一年に数回、夏から晩秋にかけての宵に、美しいレースのような花を咲かせる。その姿も美しいが、その芳香は人を酔わせるほどに妖しい。

でも、しかしである。その晩、月下美人が咲いていたのは、吉村先生の家に限ったことではなく、東京中の、というより、日本中の月下美人が咲いていたのでは…と思う。何故なら、日本で栽培されている月下美人は、どれもこれも、まったく同じ遺伝子を持つクローンだからで、おそらく一本の月下美人があって、その枝を分けて、挿し木をし、それを繰り返して広がっていったと推測されるからで、全ての個体が元の月下美人の分身ということになる。

もし、あなたの家でこの花が咲いていたら、この花を育てている友人に電話をかけて「お宅の月下美人は…？」と聞いてみたらどうだろうか。たぶん「うちでも咲いている」という答えが返ってくるのでは…。

あの日本の桜「ソメイヨシノ」もかけ合わせで作られた元木の枝を挿し木、とり木を繰り返し、数を増やしていったのだという。だから、同じ遺伝子を持つこの「ソメイヨシノ」の木々は、同じ条件の下では、同じ色の花を一斉に咲かすのだという。その同一性、一斉さが「見事」と評されている「桜」なのである。それに対し、山桜は実生（受粉による種から生える）だから、一本、いっぽん、花・葉の色は微妙に異なり、開花の時期にも差異があって個性的である。

クローンという言葉は羊や牛といった哺乳動物でよく使われるようになったが、もともとは植物の世界での用語だったらしい。クローン植物は月下美人やソメイヨシノだけでなく、栽培植物にも多く存在する。中でも果樹の「品種」は一種の「クローン植物群」と言ってもよいのではないかと思う。

たとえば、りんごの「ふじ」という品種、今では世界中で栽培されていて、驚いたことに南国のタイでも作られ、売られていた。今では、りんごのことを「ふじ」と呼んでいる国さえあるらしい。この「ふじ」は東北地方の農家が作り出した品種で、その元木の枝が分けられ、次から次へと接木されて増えていったものだという。

お茶の木もクローン苗として育てられる。「やぶきた」や「さやまみどり」はすべて挿し木、とり木で増やされたもののみが品種として認められるのである。たとえ「やぶきた」の木に花が咲いて実となり、種が採れたとしても、それを蒔いて育てたものは「やぶきた」とは認められないということである。

穀物や野菜の多くは種から育てられているが、イモ類やイチゴの品種はクローンで、サツマイモの「ベニアズマ」やジャガイモの「キタアカリ」、イチゴの「トチオトメ」はどれもクローンである。

ジャガイモはジャガイモそのものを種芋として植えるのであるが、その「いも」を観察すると「茎が太ったもの」であることが分かる。茎である「いも」には、これから横枝になる幼芽が、普通の茎と同じように螺旋状に、級数的に間隔を置いてぐるぐると並んでおり、その芽のふちには葉柄が付くはずだった痕さえ見えるからおかしい。ジャガイモの付け根の先にはその品種（遺伝子）の過去が連なり、一つ一つの幼芽の先にはその未来が続いている。サトイモも然りである。

サツマイモやイチゴなどのウィルスに冒されやすい作物は「ウィルスフリー苗」というのが作られ売られている。これは無菌の細胞を培養して育てるのだというから、これは究極のクローンなのだろう。人間もそのうちES細胞とかいうものから増殖されるときが…。まさか。

吉村先生が小説『逃亡』の出版祝賀会の夜を『月下美人』と題した理由は、何だったのだろうか。酒肴が並び、出版社や関係するお歴々が出席し、祝辞を述べる一般的な出版祝賀会とは異なって、普通の人々が集まり、干菓子とビール、茶碗酒で、祝辞も若いへなへなな教師が述べるという粗末な集いであったが、これが、吉村先生をして、『月下美人』の姿や香りを思わせたということなのだろうか。このうれしく、心温まる疑問は、きっと何年経っても、私の心の中で繰り返し増殖し続けていくことだろうと思っている。

（二〇一一年一一月）

馬鈴薯とアイルランド

ジャガイモの「芽欠き（めかき）」（「めかけ」ではない）。

今年の春は、寒暖の差が激しく、何回か遅霜が降りた。そのため、私の畑でも、お茶、ジャガイモ、かぼちゃ、スイカなどに被害が出た。茶畑は標高差二メートルほどの斜面なのに下の方にのみ被害が出て、気温の逆転現象を現していた。かぼちゃは三分の二生き残ったが、生育は半月遅れているし、何時になくウイルス病に罹る率が高い。ジャガイモは生命力が強く、一度霜枯れしたが、また芽を吹いて持ち直した。しかし、収穫量は主力の「キタアカリ」が三分の一程度で、一株にL玉は一つ、二つしかついていない。残念である。

ジャガイモといえば、多摩地区ではその栽培方法が間違って伝承され続けてきたように思う。それは「芽欠き」で発芽した芽をひと芽のみ残して、他はかきとるというものである。茎が多いと芋数が多くなり、芋が小さくなるという理由である。これはこの植物がもっている生理に反しているようで、私は発芽したものをすべて活かして、例年L玉を一五個ほど収穫してきた。それには畝幅と株間を十分とることである。多摩の平均は畝幅七五センチ、株間三〇、四〇センチだが、私流は九〇と六〇センチである。このほうが種芋も少なくて済むし収量や品質の点でも優れていると思うのだが…。

ジャガイモを掘る楽しさよ、ほろほろと白い歯こぼれ大地が笑う

ジャガイモの国

ジャガイモと言えば、もう一つお話したいことがある。ジャガイモの国アイルランドのことである。アイルランドはケルト人の国で、ゲルマン人（アングロ・サクソン人）の国イギリスに長い間支配され続けた国である。つまり、この国では領主はイギリス人で、その畑で働く農民はアイルランド人という関係がずっと続いてきた。その支配されたアイルランド人の主食は、一六世紀以降、新大陸から入ってきたジャガイモであったという。それ以来この国の歴史はジャガイモと共にあったといってよく、人口の三分の一はジャガイモだけを食していたとも言われている。

それでも、この作物のおかげで人口は倍増し、一九世紀には六〇〇万人を超えた。しかし一八四八年、この国でジャガイモの病気（同枯れ病）が蔓延し、大飢饉、いわゆるBig famineとなった。一五〇〇万人が飢え死にし、人口は三〇〇〇万人に激減した。引き算が合わないのは、多くの人がこの国から脱出し新大陸に移住したからである。最大の移住先は合衆国で、ちょうど南北戦争の頃（一八六〇年）である。

この頃、合衆国では、ミシシッピ川の西に広がる大平原の開拓時代が始まり、Homestead Act という法（一八六二年）が公布された。この法律は大草原を開拓し五年間耕作すれば八〇〇メートル四方（六四町歩）の土地が無償で与えられるというものであった。しかし、故国で農耕生活で苦しんで

大きなトラクターの農夫と

きたアイルランド人で入植した人は少なかったようである。

テレビでも放送された『大草原の小さな家』の物語はその入植者の生活を描いた物語である。この物語の作者の家族は大草原での農耕生活に失敗し、ウィスコンシンの故地に帰るのであるが、ローラ・インガルスがその道すがらを記した『故郷への道』On the way home には様々な国の入植者の様子が描かれている。しかし、アイルランド人入植者の話は出て来ない。

アイルランド人は、アメリカへの移民と大平原の開拓が重なる好機を利用しなかったようで、故国で農業に夢を持てなかったアイルランド人は新天地アメリカでも農業に賭ける者は少なかったのかもしれない。

多くのアイルランド人は大都市の巷塵の中に生活の糧を求めた。禁酒法の時代に密造酒で財を成し、ついには大統領の座に着いたケネディ家もその中にいたのだという。今日の合衆国の人口の約五分の一はこの民族の子孫で、警察官や消防士として活躍する人が多いとも言われている。

ジャガイモは今のアイルランドの食卓でも重要な食材であることに変わりはないが、この国でジャガイモ畑を見つけることは難しくなっている。

数年前この国のジャガイモ畑を見に行ったものの、なかなか探しえないでいた。そして、内陸部のカーロウ Carlow という、ちょう

線路が塞がれる踏切

ど九州の由布院のような町を、そして、そこに広がる田園を峠の上から見下ろしていた。のどかなトラクターの音が下の畑から風に乗って峠を登ってくるのを聞いていると、変な東洋人がいると思ったのか、一人の紳士が話しかけてきた。「ここで何をしているのか」と。「ジャガイモ畑を見に来た」と言うと、アイルランド人だが、アメリカのテレビ局で記者をしているというその人は「今の、この国では、それを見るのは難しいでしょう。何故ならヨーロッパが経済的にEUという一つの国になり、ここよりもっと安価に生産する場所からジャガイモがやってくるから…。今、この国の国土は緑濃い牧草地とギネスビールのための麦畑が少しあるだけである」と。

その旅では、この国をほぼ一周したが、ジャガイモ畑を見ることはできなかった。

その代わりに私がよく見かけたものは中古日本製自動車であった。左側通行のこの国では日本車がそのまま活躍できるのである。工業化（特にＩＴ）で農業国から脱出しようとしているこの国には、日本や韓国の企業の進出が著しく、宿泊したＢ＆Ｂ（民宿）のおかあさんたちから「子供を日本企業に就職させるためにはどんな勉強をさせたらよいか」という質問を何度となく受けた。私は緑いっぱいのこの国が好きなのに…。

（二〇〇五年八月）

再びアイルランドへ

今年のジャガイモ

日本でジャガイモと言えば「男爵」か「メークイン」と相場が決まっていたが、今や種苗屋のカタログには新顔があふれている。私は「キタアカリ」を主力に、早生の「とうや」と晩生と秋取りに「アンデスレッド」をつくって、今年は大豊作であった。しかし、新しいもの、新しい方法を追い求めていると昔の戒めを忘れて大失敗することもある。八月の猛暑の中で残っていた六畝ほどを汗水漬《あせみず》くになって掘りあげた。祖母が「土用のジャガイモは月明かりで掘れ」とか、「筵を用意しろ」とか言っていたが、それを忘れていた。案の定その晩から「上出来」「上玉」の芋は泡を吹き出し、翌朝には悪臭を放つ大量の生ごみに変わってしまった。

Ｇｏｒｓｅの花咲く国へ

そのジャガイモを植えつけた三月の終わりに、私は家内を供に再びアイルランドに出かけた。この国は変わった。ＩＴ産業による立国が成功したのである。この一〇年足らずの間に日本の戦後六〇年間の変化を一気に経験してしまったように思える。だから前節「馬鈴薯とアイルランド」（一三五頁）を読んだ読者がこの国を訪ねたら私がでたらめを書いていると言われかねないので新たな紹介をさせていただくことにした。

七年前はジャガイモ畑の他に、ＩＲＡの闘争にも引かれ英領の北アイルランドにも足を伸ばし、島の北半分を廻ったが、今回は南半分をドライブした。地境に植えられているハリエニシダ gorse の花が咲いていた。黄色いやさしい花姿をしているが、その花陰には鋭いとげのある枝葉が隠れていて、この国の厳しい歴史を象徴しているように思えた。

ダブリン空港の北に Sword という小さな町があり、アクセスの便を考え、今回もこのまちのＢ＆Ｂに泊まった。この街は大変な変わりようで、この国の現在を象徴している。嘗て、狭い道の端に数台の中古車が無秩序に停まっていた寂しい田舎町、朝夕の散歩に道案内を求めようにも人影さえ稀であったこの街が、装飾タイルの歩道を備えた美しい街路に変わり、大きなショッピングモールさえできていて、多くの人を飲み込み、吐き出していた。この国の人だけではなく、様々な毛色肌色の人々を…。

この変化は国の隅々まで及んでいるように見えた。狭い田舎道は拡幅され、自動車道が国中を巡り、一般道でも時速一〇〇キロで走る車であふれていた。

農業の変化

前回アメリカ人の記者からこの国が農耕に見切りをつけたという説明を聞いたカーロウ付近はこの国の農業の要となる豊かで広大な耕地が広がっている。その農業が元気を取り戻しているように見えた。七年前、店頭に並ぶポテトはドイツやモロッコ産で占められていたが、今回スーパーやコンビニで売られているものはアイリッシュポテトであった。日本人が国産の野菜を好むように、余裕ができたこの国の人々の嗜好がこの国の農業を元気付けているように見えた。アイルランドの農業というと痩せた大地に海草を積み上げて畑と成すということが私が学生時代に読んだ本には繰り返し出てきた。あの話はかつての西海岸での話で、この中央平原は沃野《よくや》である。

経済発展に自信を持ったこの国は、かつての不幸な時代に目を向ける余裕さえ持つことができたようである。あの一九世紀の大飢饉 The great famine に関する書物、研究書から子供向けの物語まで、様々な分野の幾種類もの本が書店に山積みされていた。分厚い研究書『西コーク地方の飢餓』が、B＆Bのテラスにさりげなく置かれているのも見た。

教会の変化

経済の変化は国の基盤であった教会の世界にも変化をもたらしている。

七年前、Sword の街で聖公会（英国教会）の老牧師と知り合いになり、古い中世の塔を持った教会を見せてもらった。かつてはここがカトリックの教会であったことを示すように両脇の壁には『十字架の道行き』の絵をはがした痕が残っていた。アイルランド国内にカトリックから聖公会へという動きがあることを知った。

今回、そのときに頂いたウオールフラワーの種のお礼を言うためにその教会を訪れたが、牧師は半年前に亡くなり、聖堂前の墓地に土葬されていた。墓前で涙に暮れる夫人にお悔やみを述べ、教会の門を出ようとしたとき、その門柱に七年前にはなかった Irish Church の表札が掛かっているのに気付いた。「アイルランド国教会」と、堂々といえるほど国情は変化しているのだと認識を新たにした。

それはＩＴ立国の成功であり、その工業化は国民に高等学歴を求め、それに応えるための少子化、そして産児調整、中絶…。このような社会の根源的な変化の中で、その変化を認めることのできない保守的なカトリック一色の国であり続けるはずがなく、「国教会」が増殖し続け、国内的にも、対英国に対するＩＲＡの闘争の必然性は薄まっているのであろう。

このような変化はこの国の人々の選択であるから仕方ないこととしても、『いつまでも変わらないで』と願わずにはいられないのは、この国の人々の親切な心と美しい風景である。トイレを探していると「我が家のを使え」と招きいれ、「飯を食っていけ」と言う人がいる国だから…。

（二〇〇五年九月）

雪の日の風景　Oblige

今朝は朝から大雪で、昼頃までに二〇センチほど積もった。雪が積もると集落や家々のあり方の違いが見えるので面白い。それを見ようとスノーブーツを履いて大通り（奥多摩街道）に出る。そして「やっぱり」と納得する。少しばかり自慢したい気持ちになる。と同時に、心の中を一抹の寂しさが過ぎる。

自慢したいのは私の集落、拝島上宿「道下講中」が面している奥多摩街道の歩道が黒くみえてきれいに雪掻きされていることである。そして、ちょっぴり寂しいのは、隣に続く集落の道の雪掻きが、ところどころで途切れていることである。私が小学生の頃は一直線に道が開けられていた。

今は道路と屋敷の境はブロック塀や板塀で塞がれているが、昔は精々ユキヤナギとか、アオキ、ジンチョウゲなどの植え込みがあるぐらいで、屋敷続きに道が通っていた。道路は屋敷の続きだった。麦の脱穀が終わる夏にはそこに筵が敷かれ、麦を乾燥させる場所となった。自動車は麦を避けて、狭められた道の中央を遠慮がちに走っていた。

そんな道だから、その道路のごみを拾い、ちょっとした修復は家々がするものと考えられていた。同じように、雪降りの日、屋敷続きの道に積もった雪を片付けるのはその家の仕事で、やって当たり前のことであった。それをしないで、小学生や年寄りが滑って転んで怪我でもしたら、「あの家は何だよぉ。風邪でもひいたのかな」と、ぶつぶつ言いながらも、その部分の雪を掃き、隣家を補完し、集落としての形を整えていた。「集落の倫理」とでも言うべきか…。

私の住む拝島上宿、道下講中と上組講中には、他の集落では瓦解してしまった「祭りごと（日待ち）」の組織、稲荷講、秋葉講（火伏せの神）、新年会、御嶽講（農家のみ）などが今でも残っており、家々の結びつきが強い。葬式の運営は江戸時代からの五人組と向こう三軒両隣が受け持ち、仕切ってきた。

病気見舞いや、お祝いごとも隣組（五人組）がまず行い、他の家はそれに従って挨拶する。物事を昔ながらに仕切り、捌く慣習が今も続いている。若い人たちは「拝島は古い。特に上宿は古い」と嘆くけれど、これは文化で、もしかしたら世界に誇れるようなものかも知れないと、私は考えている。

というのは、昨年の三月一一日、東日本を襲った大地震と津波、あの恐ろしい被災の映像が世界中に報道されると、その壊滅的な天災に同情と支援の声が上がった。同時に、その被災者の有り様を見て、「日本は、日本人はなんてすばらしい国なのだ。民族なんだ」と賞賛の声が聞こえてきた。「苦しい情況の中で、助け合い、譲り合っている。略奪も奪い合いもない」と…。

この譲り合いや分け合いは、日本の集落では通常の生活の中で行われてきた。米や醤油、味噌の貸し借りや、もらい湯、隣との境に垣根や塀がなく、あったとしても、それは低かった。困ったら隣に頼む、できる事はして助け合う。それは家の前の道路と同じである。

この近所・隣組の世界では無償の労働、人のために働くことが当たり前で、喜びでさえあった。

この大震災の被災地、東北の人々が見せ、世界中の人々を感動させた生き様は、そこには、まだ、昔の日本人の生き方、集落の相互扶助の生き方が残っていたからで、それが欧米のように個人主義が進んだ国の人々から見れば驚きであったのだと思う。

日本やドイツのように個人主義、資本主義経済の発達が遅れた国は、この集落や隣組ゲマインシャフトGemeinschaftが何時《いつ》までも、近年までも存続していた。それがナチズムNazismや日本の軍国主義の推進に利用される歴史的な不幸もあったが…。

そのため日本では戦後、集落的な生き方を「古いもの」「間違ったもの」として論理の上で排除してきた。そして、戦後の日本は経済力が高まり、生産や生活のインフラが整備されると、個々の家が「個人として」生活できるようになった。すると、道路と屋敷の境に塀が造られ、家と家の間の垣根も高くなり、自分流の生き方が当たり前になっていった。

私と一緒に朝市で野菜を売る百姓の中でさえ、自分の車が入るためにだけ車止めを外しても、他の皆が通りやすいようにあと数本の杭を外すことができない人もいる。昔は助け合って生きた人も、経済力を高め、もう自分一人で何もかもできると思っているのかもしれない。蔵の壁を白く塗り、立派な塀をめぐらせ、神社や寺の寄付で名を残す。それでも、朝市で売られる障害者施設の数百円の商品を買うことができない。自分の家の前の道はきれいにするが、隣の持ち分については一寸たりとも手伝いたくない。自分の尻の始末をするのは良いけれど、それをするだけで、他人のことは知らぬ素振り、そんな人が多くなった。そんな人でも経済的自立があれば「立派な百姓」で通る農村になってしまった。

「薪は一本では燃えない」――これは私が若いときにカトリックの神父から聞いた説教の言葉であ

る。人間も一人では生きられない。それなのに生きられると思っている。

そんな日本で、「集落での生き方」は、被災した東北の人々の心の中で生き続けていたのである。

ノブレスオブリッジ noblesse oblige という西洋の言葉がある。「高貴な人、富める者はそれなりの施し、犠牲が必要だ」という意味である。日本では、普通の人がそれをしてきたのである。気高く、すばらしい生き方を、である。

自分のことばかり考えるのでなく、着飾らなくても美しい野の花のように、みんな仲良く、大らかに、ゆったりと暮らせたらと思う。

かざす手に　雪暖かく　融けゆけり

雪降り

雪が降っている
ゆきが降っている
窓の向こうに
雪が降っている
雪が降っているのをみていると

窓は一枚の雪降りの絵になる
そして
私の心にも雪が降り始める

（二〇一二年三月）

英語で話す

私は学生時代、英語に自信がなかった。

我が家は貧乏百姓だったので、家族の中で誰一人高等教育を受けた者はおらず、私は中学生になって初めて英語に触れた。

その英語の授業が始まった日であったか、そうでなくても、それから間もなくであったと思う。担当の青年教師が発音記号に触れ、「カタカナ英語はだめだ。パンパン英語は恥ずかしいぞ」と言ったように覚えている。

そして、一つ一つの発音記号を、舌を丸めたり、歯をむき出しにしたりして、音を出して見せた。難しい！　一つ一つの音を出すことはできても、それを連続的に発音し、話し言葉にすることはとてもできそうにはなかった。

そして、英語学習についてもう一つ宣言されたことがあった。それは「アンチョコ（市販自習書）を使うな」ということであった。これには英文に「読み仮名」が振られていた。

このアンチョコを使うなということは、中学だけでなく、高校の教師たちも同じだった。英語の学習はまず「辞書を引け」だったように覚えている。表紙の擦り切れた英和辞典を見せて、自分の実践の証を見せた教師もいた。

しかし、一つ一つの英単語を英和辞典で引きながら予習するのには非常に多くの時間を要した。それを怠って授業に臨み、音読を指名されれば、授業に支障をきたした。他の授業にはない「やらねばならない」予習であった。クラブ活動があり、家の手伝いもあり、遊び盛りの私にとって、英語は苦手で、その学習は苦痛でしかなかった。

ところが、高校時代、その英語を得意とするYという友人がいた。授業で指名されれば、自信に満ちた声で朗々と発音し、長文を簡単に分解し、翻訳した。当然、英語の成績は優秀で、その会話力も飛びぬけていて、それを先生は高く評価していた。

後で知ったことであったが、彼はアンチョコの所有者、利用者であった。彼はそれを隠したりせず、恥ずかしいとも思っていなかった。先生はそれを知っていたのだろうか。知っていたのかもしれない…。

そうだったのか。それさえあれば…。しかし、それを手に入れることは、そのときの私には不可能であった。教科書の数倍もするアンチョコは私にとって高嶺の花だったから、そして、まだ先生の「辞書を」という言葉を信じる心も残っていたから…。

今になって思えば、先生はYの学習法を知っていたと思う。しかし、生徒たちの誰もが自習書を使ったとしたら、当時の先生方は教えることがなくなってしまったのではないだろうか。その頃、自習書以上の授業ができる教師がどれほどいただろうか。いなかったから、誰もが「使うな」と言ったのでは…。

さて、英語が不得意だった私も、今では、曲がりなりにも英語を話す。その契機となったのは、母校立川高校の創立八〇周年を記念して行われたカナディアン・ロッキーへの遠征であった。学園紛争時、母校の講師をしていた関係から、私はその記念行事の事務局を担当することになり、現地通貨への両替や、必要物資の調達、現地レンタカーの手配などをするため、二人の先輩と先発した。

遠征隊長は東京穀物商品取引所の幹部役員武者氏（高二回）で、私と共に先発した二人の先輩はＪＩＣＡで活躍中の永光氏（高三回）と、アンデスやヒマラヤの海外遠征の勇者で、中国ウーロン茶を日本に紹介し輸入を手掛けた甘利氏で、お二人とも野生の大鹿が歩き回るエドモントンの街で、外国にいることを感じさせない自信に満ちた物腰で着実に仕事を遂行していった。

「すごい」「できる」という感嘆詞が私の心を打った。そして、同時に、「あれでいいんだ」「これでいいのだ」という安堵感が私の心に満ち、外国にいる緊張感を和らげた。

「あれでいい」「これでいい」という安堵とは「カタカナ英語」でいいのだということ。文法だとか、発音記号なんて気にすることはない。ここはカナダで、おれたちは外国人なのだ。相手が州政府の上級役人だろうが、女性部長だろうが、とにかく喋れば、十分通じるのだということが分かった。ちなみに、私を含め、両先輩とも血液型は「大雑把のＢ型」であることを付け加えておこう。

こんなことを書くのは大先輩に対し失礼なことは重々承知しているが、英会話に自信がない人々のためにあえて書かせていただいた。

私はカナダ遠征の数ヶ月後、家内と子供を連れ、米国ロサンジェルスからメキシコ最北の州バハ・カリフォルニア州ティファナまでドライブする冒険に出かけた。

そして、その後も、「カタカナ英語」のお陰で、多くの国を見て歩くことができた。

学校の英語教育も変わってきた。ネイティヴ・スピーカーの外人教師が英会話を担当するようになり、その人たちと休み時間や昼食を共に過ごすようになった。

当然、英語で時間を過ごすことになり、私にとっては新しい文化に触れる楽しい時間になった。しかし、何故か発音記号重視のベテラン英語教師は寡黙であったように覚えている。

そして、定年退職し、専業の百姓になり一〇数年が過ぎた.

今、有名私立学校やカトリック系の中高一貫校の間で、英語教科書（教材）として使われているものに「プログレス」という教材がある。この本はかなり難度の高い英語教材であるが、私たちの学生時代の「自習書（アンチョコ）」によく似ている。

この教科書による学習は、私たちが苦労した、無駄な骨折りを省き、必要なことをしっかり学ぶことができるようにプログラムされているらしい。もう自習書も必要ないのだろう。

（二〇一四年六月）

多摩の青ナイル

ナイル川はアフリカの大河である。ヴィクトリア湖に発した本流は白く濁っているため「白ナイル」と言われ、ハルツームで支流の青ナイルと合流する。青ナイルは澄んでいて、合流後も混じりあうことなく、二色の水はまさしく「川」という字のごとく流れていくという。川の水は簡単には混じりあうことはないらしい。

私は数年前から八王子市高月地区で二反歩ほど、収穫量でいえば一〇数俵の米作りをしている。この米を食べると今まで作ってきた米はなんだったのだろうと思う。とにかく旨い。この米を食べていると、「香典返し」などで送られてくる新潟魚沼産の米など、「これが…」と、その出所を疑いたくなるほど旨くないのである。

私は決して美食家ではない。それどころか麦飯で育った貧乏百姓の子だから、贅沢とは無縁である。むしろ贅沢は嫌いで、定年後もねちねちと百姓を続けている貧乏たらしい人間である。米はいろんなところで作ってきた。いちばん長く作り、子供の頃から食べてきたのは拝島の米で、多摩川の水で作った。その頃上流の福生の田園に牛豚を簡易屠殺する場所ができ、そこからの排水が田んぼに流れ込み、米の水を悪くしていた。耕作者たちは嘆きはしたが、改善を求める運動を起こすこともなかったように覚えている。

その後も、あきる野市の草花や秋川左岸の「野辺」の田でも米作りをし、食したが、どれも「どうだ、こうだ」と今回のように文章にするほどのこともなかった。貧乏育ち、貧乏生活を続けてきた私の家族に米の味が分かるはずがなく、それを気にすることもなく生きてきたのである（妻は米屋の娘だが…、こんなことを書いても、まあ、大丈夫だろう）。

ところが、対岸の滝、高月地区の休耕田をやらないかと誘われ、コシヒカリの新種「ヒカリシンセイキ」を植えた。そして、秋の実りを迎え、食べた。

「旨ーーい！」

繰り返しになるが、それまで、旨い米か、まずい米とか分からなかった。米はすべて旨いという認識で生きてきた。有名レストランや新潟のホテル自慢のご飯も、その旨さは分からなかった。

しかし、舌の鈍い私が「滝・高月の米」は旨いと思ったのだから、これは確かである。そしてそしてその次の年から、他所の田んぼの耕作は全て止めてしまったほどである。

なぜ、「滝・高月の米」は旨いのだろうか、私が考えて行き着く結論は「水の違い」である。

ここの米の旨さは、秋川右岸（南岸）の水で育ったからであろうと思う。私は川の水を見ながら育ったと言ってもよいくらいだから、言わせてもらうことにする。

台風などで、大雨が降り、川が増水すると、川の水は真っ茶色に濁る。しばらくすると秋川の水はもとの清流に戻るが、多摩川の方は白い濁りが一週間も一〇日も続くことがあった。その間、拝島橋の上から合流した川水を見ると、二色の川水は混じり合うことなく流れていた。そして秋川のそれがいかに清流であるかが分かった。

その秋川も、右岸と左岸では異なるのは説明するまでもないが、左岸、北岸の「あきる野」は早くから人が居住し、田畑が広がっている。そこから流れ出した水である。

橋のない時代、対岸の私たちの村にある耕作地に川を徒渉してくる人々を、村の子供たちは「滝・高月ふんどうぉし（褌）切欠ネコにはしっぽがねぇー」などと囃したてて揶揄したという。ネコにしっぽが出ないほど人が住みにくい山がちの地であった。そして、今、右岸で本格的に田んぼが展開するのが、その切欠（あきる野市）、高月、滝（八王子市）である。人の手の入らぬ自然豊かな山水が育てるここの米が旨くない筈がない。

昔から多摩川筋の米どころは、この「多摩の青ナイル」の水が流れていく「稲城」「豊田」など、多摩川の右岸の村々であった。

（二〇一四年九月）

第三章

白いブランケットとヒマラヤスギ

若いときには気付かないで、年月を経て身近にこんな大きなものが存在したのかと驚き、もっと早く気付けばと悔やむことは山ほどある。百姓を専業とするようになり、地域の幅広い層の人々から話を聞けるようになった。この隣人らの話をもとにいろいろと調べると、世間の常識では考えられないような世界が広がり、もっと若いときに気付けば歴史的な裏づけを探し、文章にすることもできたろうにと…。

私の住まいは多摩川と秋川が合流する、その東の河蝕崖の上にあり、この「はけ」の端に立てば目前に鮎の香りがする川が横たわり、その向こうに滝山の丘陵が、そして、上流に目をやれば広々とした河原や田畑のかなたに奥多摩の山並が見渡せる。大正期から昭和初期にかけてこの一帯は別荘地で、我が家の西隣は三井財閥の、その西は伏見宮、後に山階宮の別邸があった。戦後この両家の別邸は疎開中の啓明学園（三井物産社員等の帰国子女の教育の場で、オノ・ヨーコや寺崎マリコが在学し、堂本（前）千葉県知事もここの卒業生である）が引き継ぎ今日に至っている。

この二つの別邸に関わる逸話は子供の頃から聞き馴染んできたが、これらの別邸がここに建てられたことと、日本の航空機や航空機産業の歴史との間に深い関わりがあったことに気付いたのは最近のことである。

この地に最初に別荘を建てられたのは伏見宮で、拝島先の多摩川河原で行われた軍事演習視察が契機となったといわれている。その後、この別荘は売りに出されたが、それが取りやめになり、引き継いだのはやはり皇族の山階宮で、この方は「空の宮様」と呼ばれ、立川の飛行第五連隊（旧陸軍飛行第五大隊）の守り神とされた宮様である。この人は飛行機だけでなく、機械ものがお好きだったようで、ある夜、姿が見えないので村中が大騒ぎをして探すと、多摩川の砂利採掘船を操縦していたという逸話を残した人物でもある。宮様邸の跡地には「いろはかえで」がたくさん植えられていて、今でも見事な紅葉が見られる。この樹を好まれて植えられたのは、この果実が飛行機のプロペラの形をしているからではないかと私は勝手に解釈している。

三井氏の別邸は三井八郎右衛門（高棟）氏が、関東大震災後売りに出されていた伏見宮邸を買い受け、次に来る震災に備える計画であったが、それが山階宮に引き継がれたので頓挫した。そこで、その隣の桑畑や田んぼを買い取り、三万坪を超える規模で建設されたものである。中心となる邸宅は大正一四年、永田町にあった鍋島侯爵の、和洋折衷様式の住宅を買い取り移築した。この建物は明治二五年、天皇の鍋島侯訪問に際して建造された二階建ての大建造物で、現在では東京都指定有形文化財となり、毎週水曜日の開放日にはグループ見学者で賑わっている。また、永田町のこの建物があった跡地には現在の首相官邸が建っている。

八郎右衛門氏は戦時中、この邸宅に疎開し常時居住していた。この頃、「三井はアメリカのスパイだ」と憲兵が邸宅の周りを嗅ぎまわったことがあった。その理由は空襲警報の発令時に、三井家では二階の手摺に白いブランケットを掛けていたからである。巷では、敵機の攻撃を避けるため洗濯物を取り込むように指導されていた時代に…。

大戦末期、アメリカは日本上空の制空権を握っていた。私たちの「はけ」上からはP51（ムスタング）戦闘機が多摩川の上を向こうの丘陵より低く飛び交い、「双胴の悪魔」P38（ライトニング）が五鉄（現五日市線）熊川鉄橋上の列車を襲い旋回するのも見えた。敵は洗濯物があるなしに関わらず、日本のどこに何があるかをしっかり把握していた。まして、三井家の大きな屋敷、大きな住宅をアメリカ兵が見逃すはずがなかった。それにも関わらず、この別荘は爆撃も銃撃もされなかった。

戦後、それも、ずっと後になってからの話ではあるが、三井家の執事の一人が「白いブランケット」は敵機に三井氏の居場所を教えるためであったと話していた。三井氏はアメリカの航空機製造会社ダグラスDouglas社の社長と友人関係にあり、白い毛布は米軍機がその三井氏を攻撃することを避けるための目印だったのだという。

私はこの話をなかば信じて、職場の友人たちに話すと、誰もが「そんな…」と呆れ顔をして信じてはくれなかった。それでも私はこの話を半分以上信じている。私の身近に起こった事象だからということもあるけれど、それだけではなく、以下に述べるような三井氏と航空機生産やダグラス社との、また戦争との様々な関わりがあるからである。

三井氏が拝島の別邸の建設や移築を始めてまもなく、三井の航空機製造部門を担う「昭和飛行機工業」が別荘の北東二キロメートルほどの青梅線北側に桑畑や雑木林など広大な土地を買収して設立された。三井氏は航空産業の将来性を見込んで、この会社の創立には力を注いだといわれている。氏の航空機産業への思い入れは、別邸の日本庭園の中心に場違いなヒマラヤ杉を植えたことにも表れているように思う。この樹の枝葉は飛行機の翼のように広がり、全体の姿がダ・ヴィンチの飛行原器に似ているから植えたのではないかと私は勝手に推測し、信じている。飛行原器はローマ空港のモニュメントにもなっているし、多摩地区の航空関係施設、あるいは三井氏が関わりを持った場所には必ずと言ってよいほど、この樹が植えられているから…。立川飛行場、横田基地、立川高校、一橋大学、拝島第一小学校等々。

この会社では日米開戦まで米国ダグラス社の輸送機ＤＣ３の組み立てが行われていた。この飛行機は戦時中は日本軍の輸送機としても利用され、またこの会社は戦闘用の軍用機を製造する軍需工場になったが、軍用機製造も統計で見る限り、三菱や中島飛行機のような積極的なものではなかった。そのためか、近隣の中島飛行機や立川飛行機など航空機製造の工場が米軍の爆撃と機銃掃射による激しい攻撃を繰り返し受けたのに対し、同じ航空機製造会社でありながら、昭和飛行機工業の工場はほんの軽微な攻撃しか受けていないのが不思議である。この事実は戦時下にあっても、敵国アメリカが三井を友人として特別扱いしていることの表れではないだろうか。そう信じたい私に対し、友人たちは「後で利用しようとしたからじゃねえのー」と反論する。

若いときなら米軍のアーカイヴズ archives を調べてでも証明したいところだが、椎間板ヘルニアのぎっくり腰を抱えた、忙しい百姓にはもうそんな元気はない。

戦争が終わり、ダグラス社の飛行機ＤＣ３やＤＣ４は戦後の日本の旅客機として大活躍したが、会社はその後ボーイング社に併合され、今はもう存在しない。

母校立川高校の創立八〇周年記念でカナダに遠征したとき、この会社の最後の旅客機ＤＣ８（ヴァリグ・ブラジル航空）に乗った。振動と騒音が大きく、航続距離が短いためアラスカを経由しなくてはならなかった。しかし、私にとっては、隣家・三井家に繋がるダグラス機でのうれしい旅であった。

（二〇〇七年二月）

狐に化かされる

七月のはじめ、夏野菜の収穫に行くとジャガイモが畑一面に散乱していた。この畑は多摩川の堤防際にあって、人家から離れた場所でもあるので、日常的に野荒しにあっている。イチゴやスイートコーンなどは耕作者の私よりたくさん「収穫」している者もいるらしい。「また、盗られた」という被害者意識も恥ずかしいが、今度も「やられた」と思った。

ジャガイモは強い日射しを三〇分も受けると翌日には泡を吹き出して腐り始める。このような状態では、他の仕事を投げ出してでも、ジャガイモの片付けを先行させねばならない。とりあえず黒い遮光紗で畑を覆い、急いで約五〇〇キロを収穫した。

この収穫を進めてゆく過程で、一番ひどく掘り返されていた場所まで来たとき、そこに散らばるジャガイモが鼠にかじられているのに気付いた。「あれれ、これは違う」、同時に自分の心の偏りに気付き、恥ずかしさが、そして、おかしさが心の中に湧き上がってきた。「狐だ」。この畑の近くでは親子五匹の狐がいて、ときどき見かけていた。その連中が鼠を捕らえるため土を掘り返し、そのときにジャガイモが飛び散ったのであろう。「盗られた」と思ってしまう、心の貧しさを狐に暴かれた気がした。

今どき狐に化かされるのは私ぐらいだろうけれど、昔はよくあったらしい。私の家は村はずれの

「はけ端（はけっぱた）」にあり、加住村から多摩川を渡ってくる道が田んぼを抜けて、「はけ」を登りきったところにある。だから「人がおぼれた」「マムシに噛まれた」とか、「狐火が出た」「狐に化かされた」とか言って最初に飛び込んでくる家でもあった。そのため、数多くの「化かさればなし」が家人の間に語り継がれて、私もそれを山ほど聞いて育った。

「化かさればなし」には共通するパターンがあり、被害者のほとんどが男性で、夜道を歩いているときに起こっている。道に迷い、家に帰れなかったとか、財布や持ち物を奪われたり、衣服を破られたり、とんでもないものを食わされたという話である。

子供の頃は、不思議で面白く、そして、少し怖くもあった「化かさればなし」。それを本当にあったことのように信じていたが、大人になるに従い、その半分ぐらいはどうも男の言い訳が隠されている「つくりばなし」のように思うようになった。

帰宅時間が遅れたのも、金を使い果たしたのも、衣服を破ったのも、それぞれ別の理由があったのを「狐のせい」にしているのではと、その裏にある真実を推測しながら、顔だけは魂消顔《たまげがお》をして聞き役の一端を担った。「馬糞をぼたもちだと騙され、食ってしまった」などという話は被害を誇張するために付け加えたもので、作り話を自ら証明しているようなものである。

「化かさればなし」ではないけれど、「言い訳ばなし」の典型というような話をうちの婆様から聞いたことがある。

その婆様の親族に色事の好きな親父がいて、手広く製材所や材木商を営んでいた。ある夜、その人が血相を変え我が家に飛び込んできた。「天狗にやられた」と言ってばらばらに壊れた洋傘を見せたという。洋傘は形から「コウモリ傘」とも呼ばれ、当時はまだ高価で貴重品であった。彼の話によると、その日は向こう山（加住村）の木を買い取りに出かけ、伐採の手立てを決めて、帰るときには夜になったという。多摩川を渡り、河原を歩いていると雨が降り出したので、傘を差した。しばらくすると手にしている傘がバリバリ、バリバリ音を立てはじめ、見る見るうちに壊れていったという。そして、こんなことになったのは「このたび伐採する山に大木があった。あそこには天狗が住んでいたんだ。その木を切るというので天狗が怒ったんだべぇ」とその親父は「道理」まで語ったという。

女や酒に金を使い、遅くなって帰宅する言い訳が滲みでた話であるが、直接自宅に帰らず、親戚の家に立ち寄り証拠固めするところが巧みである。こんな話を子供たちはともかくとして、女たちも信じたのだろうか。

「暗くなったのに、女が何時まで外にいるのだ」と、とにかく、夜は家に閉じ込められていた女たち（柳田國男が『妖怪談義』の中で書いている）は、闇夜の幻を知る機会や術がなかったから…。それとも、うそだと分かっていても、信じた振りをしたのだろうか。男たちが化かされたのは、この「化かされ上手」の女たちにだったのかもしれないけど…。

もちろんすべての「化かさればなし」が「男の言い訳」だというのではない。

豊かな自然の中で暮らしていた時代、「化かされた」という現象がなかったとは言えない。その「化かされる現象」の一つとして考えられることは、「峠の立小便」とか、「暗闇の一服」とか、いわゆる「歪んだ一瞬」に起こる心理現象ではないだろうか。これには私の母校の山岳部の後輩たちが遭遇している。一九七二年の暮れ、猛吹雪の中を八ヶ岳の阿弥陀岳から下山する途中、中岳で遭遇した事例がまさしくこれに当たる。彼らは吹雪の中をここまで下り、ほっとして小休止をとった。そして、立小便をしたらしい。この小便をするという行為は、生理学や心理学の上で劇的な変化を起こすのだという。そのため、そのビフォー・アフターの認識に大きな変化が現れると言われている。降りしきる雪の中で、何処を見ても同じように見える雪の壁に向かって用を足した。それが終わったとき、彼らは用を足したのが、どの方向であったかを認識できなくなっていたのではないだろうか。ホワイトアウト whiteout と呼ぶ現象があるというが、このときの状況がまさしく、それだったと思う。その結果、次に歩き出したとき、ベースキャンプの行者小屋に向かって、北に行くべきところを南に降りてしまった。この事例では、幸い、判断ミスに気付いた彼らは自力で生還したが、下界ではヘリを依頼するなど大変な騒ぎとなった。この山では今年の冬にも、これとよく似た遭難事件が起こっている。

これと同じように、外灯などまったくなかった時代、真っ暗闇の山道や田舎道を歩いてきた旅人が、やっとのことで峠まで、あるいは目印となる場所に辿り着き、やれやれと言って、真っ暗闇の中で立小便をする。あるいは、タバコに火をつける。この一服や小用が生理に、心理に大きな変化を与えるらしい。そして、それが終わって次に歩き出すとき、道の左右を、前後を取り違えて認識すると、もと来た道を戻ってしまうこととなる。そして、おかしい、おかしいとさらに道をさらに変えることになったとしたら…。これはまさしく「狐に化かされた」という現象ではないだろうか。物も失くせば、着物を破ることも、大怪我をすることだってあるだろう。狐の出る場所は、そこまで来て

「やれやれ」と一服する、真っ暗闇の峠道や方向の定め難い平地の林の中の分岐点や辻が多い。ある野市の草花から友田（青梅）に出る満地峠の狐、新町（青梅）の狐、「風田杜《もり》」（昭島）の狐など、読んだり、聞いたりした話の舞台は、どこも、そんな場所だったように覚えている。

この「狐に化かされる」の原稿を会友誌に送ったところ、前出の八ヶ岳の一件について編集長から「こんな山はないぞ。内容もめちゃめちゃだ」と指摘された。捜索隊のリーダーだったM氏に確かめたところ、事件そのものを覚えていなかった。捜索隊は年末であったため、とりあえず、M氏と私の二人だけで先発することになり、我が家に泊り込んで準備をし、翌日中央線に乗ったはずである。三五年の歳月が私たちの認識を風化させ、まるで「化かされ」状態だった。

（二〇〇七年一〇月）

玉川上水考

台風が来て多摩川が記録的な増水をした。小河内ダムの放水が続き、川の水は長い間濁ったままである。ロームが溶けた赤い水を見ると、子供の頃、砂川（立川市）にある伯母の家で見た風呂水を思い出した。伯母は父の一番上の姉で、恋愛結婚をしてここの大百姓に嫁いだ。母校山岳部の先輩で、上野動物園、多摩動物公園の園長、齋藤勝氏のお母様の里でもある。武蔵野段丘上の新田集落にあるこの家も、もちろん井戸はあったが、厚いローム層を掘り抜いた深井戸で、ポンプは重く、水を汲むのは重労働であった。そのため、大量の水を必要とする風呂水は家の裏を流れる玉川上水砂川分水から大きなバケツに取水し、その二つを天秤棒で担ぎ運び入れていた。これも大変だったと思うが、この方が幾らか楽だったのだと思う。最も伯母が嫁いだ頃は井戸はなく、生活用水のすべてが堀の水でまかなわれていたという。

私が子供の頃でさえ、五日市街道の北側を街道に沿うように流れる砂川分水は赤土そのままの素掘りの堀で、両岸の土上げ（堤）は篠竹の藪で覆われていた。その藪が途切れたところが各戸の水汲み場になっていて、赤土を切り取っただけの滑りやすい二、三段を降りたところに水面があった。雨が降れば多摩川本流も赤く濁ったが、ここは赤土を侵食しながらもっと濁った。多摩川沿いの水の豊かな場所で育った私は、垢や汗で汚れた風呂水には慣れていたが、伯母の家の「赤い水」の風呂に入ったときのことは、半世紀を経た今になっても思い出すほどの衝撃だった。

深井戸掘りの技術や鋳物のシリンダーポンプが普及していなかった時代、厚いローム層上の新田集落にとって、玉川上水は「母なる川」で、その水はまさしく命の水であった。伯母の嫁いだ大正の終わりの頃は、赤い水を甕に入れ、濁りを沈殿させて飲料水にしたという。

ここはロームそのものにも苦しんだ。特に冬の北風は赤い風となって暴れた。その風から作物を守るため畑には茶の垣根が数一〇メートル毎に櫛歯のように並んでいた。強い風と霜に痛めつけられた弱々しい砂川の麦を見るたびに子供心にもここでの農耕の厳しさが分かるような気がした。

その反面、砂川に限らず、新田集落の農家は、住居と地続きの広大な耕地を所持し、独立性が高く、早い時代から各家が独自の換金性の高い農産物を生産する近代的な経営が行われていた。

これに対し、江戸時代以前からの古い集落では、その歴史の中で耕作地の占有関係が生まれ、一方に少数の地主層が、他方に多数の小作農が存在し、各小作農が運用する田畑は分散し、それが入り組んでいるため独立性が弱く、運命共同体的な性格が強かった。

近代農業の特徴を強く持っていた砂川の、かつての桑苗やスイカ、今日のウドなど、換金性の高い特産品は、ロームの地質と、集落の近代的、個人主義的な、いわゆるゲゼルシャフト（利益社会）的な特性が生み出したものといえる。

同じ多摩の新田集落でも、上水の利用ができないところでは、ローム層を螺旋形に掘り下げ、そのすり鉢状の穴の中央に釣瓶井戸「マイマイズ井戸」を設え、螺旋階段を上がり降りして水を得ていた。今でも羽村駅の東口前にそれが残っている。また青梅新町にもその名残の窪みを幾つか見ることができる。

玉川上水には数多くの分水があり、その開削目的も様々であるが、飲料水の確保が基本で、水車の動力になったのは副次的な利用であったと思われる。「柴崎分水」（立川）は流末、段丘から流れ落ちる落差のある所（柴崎町）で、私の友人小川君の実家、「車屋」などの水車を回していた。

私の村の「拝島分水」は「野火止用水」などと共にごく初期の分水の一つで、玉川上水の完成（一六五三年）間もない明暦元年（一六五五年）頃に通水している。この初期の分水には、どれにも特別な成立理由があった。八王子千人同心が「日光、火の番役」になり、その往還路の主要な宿場として拝島宿が造営されたとき、そこに飲料水を供給するための分水である。

注：拝島宿はその後の私の調査、研究で、千人同心のためというより、玉川上水・羽村堰の設置により、成立したことが判明した。羽村堰の設置は多摩川の筏運上を妨げることになった。堰成立後は、その筏等の通過のため、月に六回、堰が切られ、河川運搬物は一斉に通過した。そして、取水のために再び堰止するためには、筏等が羽村堰からの放水を必要としない場所まで到達することが肝要で、その最も近い場所が、秋川の合流する拝島であった。また、拝島には筏等を係留する広い河原があり、筏運上・運営上の諸々の条件を備えていた。その場所となった拝島大師前には氾濫原より一段高くなった場所があり、筏師宿の設置に適しており、多くの宿泊施設、遊楽場が設置されたと思われる。また、河川運上を司る「谷部家」一族が居住し、今日に至っているのもそれを物語っている。拝島は羽村堰通過の後、第一泊目の宿場になるため急遽造成されたことは確かで、それが千人同心の往還にも利用されたと訂正したい（本書、二一四〜二二一頁に詳細記載）。

今日に続く拝島宿は拝島大師の門前だけではなく、その場所より一段高い河岸段丘上を五〇〇メートルほど西に延び、その西端で北に折れ、川越や日光に向かうように計画、施工された。しかし、段丘上の宿場の主要部分となる場所は、今日の福生、熊川、拝島小荷田からの野水の水路（大雨時にのみ現れる川）になっていた場所で、居住地、宿場には不向きな場所であった。そこを、玉川上水、羽村堰の成立のため、大規模な土木工事をもって短時間で宿場を成立させたと思われる。そのため、そこへの飲料水供給のため、成立間もない上水からの分水（拝島分水）が流されている。しかも、その年月が、「頃」が付き曖昧な記録になっているのは、他の主要分水との関わりからではなかろうか。羽村堰成立のため、堰下最短の筏繋留地、筏師宿の必要性の方が、数ヶ月に一度通過する千人同心より合理性がある。拝島への分水の年が曖昧であることも、この辺の事情を物語っているように思われる。

玉川上水と村、水運との関わりは他にもあり、明治三年、この上水に通船が許されると、現拝島駅付近に船着場を築き川船による運送を起業する者が現れた。しかし、この企てはごく短い期間で終わった。船頭等の船上での用便が水を汚し、また、素掘りの堀の壁を船が削り、崩すなどの弊害が現れて、明治五年許可が取り消されたからである。

当時、河川の筏や川舟による運上は大量輸送の主要な手段で、鉄道輸送が始まるまで続いた。当然多摩川水系でも盛んに行われており、拝島大師付近はその中継地として明治の中頃（青梅鉄道の敷設）まで栄えた。河川利用の運上は「川下り」だけではなく、川舟で上流への遡行もあり、むしろ、その河口から内陸への物資輸送が重要で、玉川上水利用の理由もそこにあったのだと推察される。玉川上水での川舟利用は起伏、勾配が緩やかで上流への物資輸送が容易だったからであろう。

　多摩川の遡行は艪や帆掛けにより立川・拝島ぐらいまで可能であったという。また、川岸より人足や馬により綱で曳く遡行もあったと考えられる。中国では今でも行われており、昭和三〇年公開の映画『野菊の如き君なりき』の冒頭にも、初老の政夫役の俳優笠智衆が数人の男たちに曳かせた川舟に座って江戸川を遡り、青春時代に戻ってゆくシーンがある。江戸川にあったことが、多摩川にあってもおかしくない。多摩川に関する曳き舟の資料があったら読みたいと思う。

　この多摩川での水運の名残が今でも対岸の滝山城址（北条氏照、八王子市）に残っている。多摩川を望む本丸の北端に水神・金毘羅宮が祀られている。本丸に上る御影石の階段は、滝山城時代のものではなく、多摩川側から船頭や水運業者がその安全と繁栄を祈願するために設えたものであろう。


　玉川上水は鉄道輸送にも関わりがある。青梅鉄道が敷設されたとき蒸気機関車への水の補給に拝島分水が利用された。鉄道敷設計画の当初、拝島駅は村役場の真北に決まっていたが、実施段階になると分水を利用することを考慮し、村の西端、熊川村との村境に移された。

　その拝島分水が流れている辺り一帯はその後貨物の入れ換えの操車場になり、日夜の区別なく蒸気機関車が貨車をつなぎ、切り離していた。私の家の一番遠い畑はその操車場を南から北に横切る「日本で一番長い（一〇〇メートル余）」と言われている踏切を越えたところにあった。お茶を運ぶにも、水を飲みに帰るにも不便な場所だった。ここの畑で仕事をしていて喉が渇くと、私たちはヤカンの弦に縄を結び、それを上水に投げ込み水を汲んだ。鮎の香りがするような、水草が溶け込んだような、優しい味の水であった。

（二〇〇七年一二月）

祭り屋台と屋台人形

日本のお祭りで曳かれる山車は、神輿と同様に移動神座、神の依代を乗せたものであったが、江戸時代以降本来の意義が薄らぎ、民心の風流を満たすという性格を強めながら地方、地域の特色ある「作り物」として発展したといわれている。八王子を中心とする多摩西部や相模のものは「八王子型人形山車」と呼ばれ、武者人形を唐破風平屋根の上に乗せたものである。人形の設置方法は、屋根の棟に後部から中央に切れ込みをいれ、その間隙に人形を設えた飾り柱を立ち上げるものである。人形は地域集落ごとに好みのものが飾られ、それがその集落のシンボル、象徴になっていた。しかし、明治末から大正期に電線が張られるようになると人形を飾っての運行は不可能になり、今日では人形で飾られたものを目にすることは稀になった。

日本の祭りを彩るこのような人形山車は日本で生まれ、この国の中で発展してきた日本独自のものと考えていた。ところが、これとまったくよく似た祭り屋台をスペインの復活祭で目にし、驚いたことがあった。

一〇年ほど前になるが、聖週間（最後の晩餐から処刑、復活までのキリストの受難を記念する一週間）にスペインをレンタカーで回ったときのことである。日本のものとまるで瓜二つといってもいいような人形山車を各地で目にした。そして、茶道がミサ聖祭のカリス（聖杯）の扱いを模したのと同様に、山車の起源もキリスト教伝来時に遡り、その頃に取り込まれたのではと考えるようになった。

最初はセヴィリアであった。町の中心に在る「タバコ工場（現在は大学）」近くまで来ると、祭りの気配がして、脇道ではロマ（ジプシー）と思われる人々が、道路の中央を臨時の駐車場にして、一ユーロを取り、センターラインを跨いで斜めに駐車させていた。

車をそこにおいて、祭りの賑わいのする方に歩いて行くと、「ドンカン、ドンカン、ドンカン、ドンカン」と大きな太鼓の音がしてきて、その音が私の村、拝島の祭りの大太鼓の音に似ているのに気付いた。ここはスペインのはずなのに…。

その音のする街角に出ると、祭りの真っ只中にいた。キリストの受難の場面（十字架の道行き）の人形や、マリア像を乗せた山車が楽団に導かれ、曳かれたり、担がれたりしながら次から次へと運行して来た。一〇台とか、二〇台とかの数ではなく、五〇台に近いとか、それを超えているとかというほどの数の山車である。各々の山車は教区（教会を中心にした集落）に属しているらしく、山車の後を三角帽子の（KKKの衣装と同じような）衣装をすっぽりかぶり、錫杖を持った教区の人々がぞろぞろと行進している。三角帽子の衣装はともかくとしても、非日常的な装いをするところは、まるで日本の祭り山車の運行と見紛うほどである。えーぇ、何故、どーして、同じなの…。

このような山車の運行はセヴィリアに限ったことではなく、岩山の上にある町ロンダ、アルハンブラ宮殿のグラナダ、陶器の町ウベダ、城壁とコウノトリの町アビラでも出会った。ウベダでは使われなくなった大聖堂が、山車の格納場所になっていて、その中では何台もの山車がパレードの準備をしていた。人々は教区教会から聖像を外し、屋台の屋根上に飾りつけようとしていた。そこには祭りを前にした心忙しい、日本の祭りでも感じるものと同じ空気が流れていた。

アビラでは、夜のパレードがあった。パラドールの脇の細い暗い街路を、吹奏楽団に導かれた山車がぎしぎしと揺られていくのを高楼から見下ろしていると、子供の頃に行った八王子や五日市の祭りを、商店街の家の二階から眺めているような郷愁を覚えた。

祭りは日本でもスペインでも、また他の国でも同じことであろうが、集落とか、教区とか、地域住民の絆、統合のシンボルである。かつて人々が生産や生活の上で個人として独立できず、共同体の共同施設、共有物（草刈り場、薪山、共同放牧地とかの共有地、水路や堰堤という灌漑施設、共同の市場等々）に依存して生きていた時代にあっては、それらの共有物が、そして、その維持管理が共同体の成員（住民）をつなぐ要であった。

しかし、産業・経済の近代化が進み、個人（各戸）の生産・生活が共有物に依存することなく可能になり独立性を高めていくと、学校とか、消防団という、目的別で実利的なものだけが残るようになり、それでさえも、近代的でより広域な自治体が担うようになると、集落や教区の中で地域を統合する機能を有するものは影を潜め、祭りや冠婚葬祭の運営のようなイデオロギー的なものだけが残り、今日では、それが「伝統的な地域」住民の求心力になっている。そして、その祭りの求心力は村落、集落により強弱があり、祭り等の運営に

祭り屋台のパレード

見られるようなイデオロギーが集落の中でどのように位置づけられているかは様々である。

そのあり方を考察すれば、その集落の性格や住民の思考や生活観を窺い知ることができる。そういった観点で多摩の「まち」集落を見たとき、対照的なのは八王子と立川市砂川地区の祭りである。

今日の「八王子まつり」で曳かれる山車は一九台あるがそのうち一一台は戦前に建造されたもので、うち四台は明治時代のものだという。八王子は昭和二〇年八月二日、米空軍による大空襲を受け、その火災により市街はすべて灰燼と化し、多くの命が奪われた。この一一台の山車は自分の命や家財を守るのさえ難しい戦禍の中を生き延びたものである。あるものは、戦火の中を浅川の川辺まで曳き出され、またあるものは、山間地に疎開させて戦火を免れ、生き残ったのだという。そのどれもが八王子の地域住民の山車に対する熱い思いを表している。

一方、立川市砂川地区（旧砂川村）は江戸時代の新田集落であることは前述したとおり、各戸の耕地が屋敷地に隣接・集中しており、生産や生活の上で他家、集落との利害関係が薄く、各々の戸の独立性が高い。そして、ここでは早くから独自の商品作物を生産する近代的営農が行われてきた村落である。そのため伝統的な村落と比べ、個々の財力を蓄えが大きく、その経済力を誇示するかのように、祭り用具（山車、幟など）は近在の村々の追従を許さない豪華なものを備えていた。しかし、高度成長の最中、自動車文化が日本の国中を席巻した頃、ここの一番から十番までの各集落は消防自動車の購入資金を獲得するため、今日の価値では数億円という山車を近隣村落に売却したと聞いている。各戸の独立性が強いこの村落では「集落統合」のシンボルより、実利のある消防自動車を選択したものと思われる。自動車を容易に手にすることのできる今日になって、山車を惜しむ声もあるというが、この村落の山車復活という話はまだ聞こえてこない。売却された山車は現在、府中、日の出、瑞穂、羽村、青梅、飯能、所沢などにあり、各村落の文化財として手厚く保護され、祭りを盛り上げているようだ。

また、村落の中で祭りの存続を決める大きな存在として「囃子方」がある。祭りの山車の上で演奏される「囃子」は俗に「馬鹿囃子」とも言われているが、その謂れは紀州「和歌の浦」の漁師が大漁のときに船板を打ち鳴らしたのに始まると伝えられている。江戸にもこの「和歌の浦囃子」がやはり漁村であった浦安を中心とする葛西地区に伝えられ、「和歌囃子（馬鹿囃子）」として江戸の祭りに取り入れられ、以前からあった奏楽と融合して「神田囃子」などに進化したのだという。そのため、浦安など葛西地方からこの囃子の演奏集団「囃子方」が生まれ、神田明神の祭事には、各町会、集落の氏子代表が、この囃子方「何々囃子」に、祭り囃子の演奏依頼に出向いている記録が残っている。

江戸時代の八王子周辺でも、山車を所有する集落が、自前の「囃子方」でなく近隣に技芸集団「囃子方」がいて、その人たちに演奏を依頼するという形だったようである。拝島上宿の『祭礼（節句）勘定帳』によれば、明治一〇年頃までは、集落に祭り道具はあるものの、自前の「囃子方」ではなく、その

拝島日吉神社の祭り

「囃子方」「踊り手」を他所（武蔵村山、殿ヶ谷など）の演奏集団や舞踊集団に依頼し、出演料を祭りの経費として支出している。各集落が自前の囃子方で祭りをするようになるのは、その明治一〇年頃だと思われる。この頃の集落には囃子の習得のために、技芸の師匠へ高額の指導料や宿代等が支払われているのが記録されている。神田明神にも同時期に同様の指導料の支払いがあることから、祭り囃子が各集落の地域文化になったのはそれ以後のことで、その頃学んだものが受け継がれ、今日に至っているのだと思われる。祭りや「山車」は住民統合のシンボルである。集落の「囃子方」は、その祭りを運営・継承する担い手であり、集落統合の要として評価され、集落内での地位を築いてきた。

　新田村落砂川の場合、経済力を誇示する山車には力を入れたが、独立性の強い住民は、集落統合の意識、意欲は弱く、他村の住民が囃子演奏を習い、自前囃子方の成立に励んでいたとき、祭り囃子の練習より経済力の向上のための営農に力を入れることを選択したのではないだろうか。その結果、ここでは祭り運営の担い手である自前囃子方の成立、あるいは維持に欠き、戦後の自動車文化（消防自動車）が過大評価されたとき、これを抑え、祭山車を守るという勢力が弱かったと考えることもできる。そして、折角の文化遺産を失ったのだと、外野からは言われているが…。

　尤も、新たな開拓の土地での営農には既存の農法では不十分で、新しい技術や論理を取り入れ活用する必要があり、この村落の歴史は、新しい文化に対し進取の気概に満ちたもので、祭り山車の喪失もその歴史の延長上にあったと考えるべきであろう。農業文化史を学ぶ者としてはこの史実にも、真摯の気概で臨み、評価すべきとだと考えている。

（二〇〇八年四月）

赤玉ポートワインとタチカワ パラダイス――敗戦後の基地の街

松本清張の小説に、朝鮮戦争のさなか黒人米兵が北九州で起こした事件を題材にした『黒地の絵』という作品がある。激戦が続いたこの戦争の第一線、生死の狭間に送られ、戦ったのは黒人兵だったという。その黒人兵が米国本土から日本に、そして日本から前線に送り出される前夜、九州の基地から完全武装の小隊が集団脱走し、一農村を襲い、そこの女性たちを陵辱する。

銃を突きつけられた夫の目の前で新妻が犯される。何もできないまま黒人の腕に描かれた刺青を見続けていた夫。妻は自害する。

その後、この夫は米軍基地の死体処理場の従業員に志願し、あの刺青の死体に出会う。男は遺体から刺青を剥ぎ取り復讐するという筋書きである。

日本に進駐した米軍兵士は紳士的で、敗戦地で起きる略奪や婦人に対する陵辱は少なかったとされているが、GHQの報道管制の下では『黒地の絵』のような米軍人による犯罪があったとしても、国民に知らされることはなかったのでは…。

この頃の米軍内には人種差別が顕在しており、黒人には白人用トイレや食堂の使用が許されていなかった。占領下の青梅線や中央線には進駐軍専用車両はあったが、黒人兵は別であった。またプールの使用も禁じられていたので、横田基地近くの玉川上水を泳ぐのを見かけることもあった。私たちは「御堀で泳ぐなんて…」と彼らの非常識さを非難して、いつの間にか差別する側に立っていた。

キング牧師らの「公民権運動」が盛り上がるのはそれから一〇数年も後のことである。

米兵たちが休暇を過ごす歓楽街にも白人、黒人の線引きがなされていた。立川はもちろん、横田基地の門前の福生も白人の街であった。黒人兵が入ることが許されたのは青梅線の西立川駅から昭和前駅（現昭島駅）までだったように覚えている。激戦の半島で最前線に立たされた黒人兵、戦地を離れひとときの休暇を楽しんだとしても、それが過ぎれば明日の命の保証はなかった。だから黒人兵は金離れがよく、これらの街を潤した。

これは、西立川駅の前で酒屋を営んできた「大原酒店」の先代店主から聞いた話である。

朝鮮戦争の頃のある日、突然「赤玉ポートワイン」という酒が売れ始めた。黒人兵が頻りとこの酒を買いにくるようになった。初めは「クロンボはこんなものが好きなのか」と思ったという。

「夜になり大戸を閉めてからも『赤玉』を求め、戸を叩いた。軍規は概ね守られていたが、ピストル強盗もあった。そこで、強盗対策として大戸に代金とボトルを交換するだけの穴を開け、そこに開閉のできる厚い鉄板をつけた。その穴の内側に椅子を置き腰をかけ、足元に半切りにした銅壺缶を置いた。その缶からあふれ出る一〇〇円札を足で踏みつけながら一晩中「赤玉」を売った日もあった」

「翌朝になると夜の街で働いた女たちが胸に「赤玉」を抱えてやってきた。それを半値で引き取り、それをまた、黒人兵に売った。同じビンが二回、三回と廻り、金だけが俺のところに残った」

「死ぬ前に何とか女性と関係を持ちたい」という欲望を持つのは黒人兵に限ったものではないだろうが、明日の保証のない彼らの多くが、戦友の成功例に動かされ、この酒を買ったのだと思う。

この頃のアメリカ人は同衾の前に酒を飲むものだと考えていたらしいが、当時普通の日本女性には飲酒の習慣がなかった。敗戦直後の、生きるがための「俄か作りの酒場女」が飲むことのできたのは甘く、赤く色づけされた「赤玉ポートワイン」ぐらいだったのだろう。

西立川を北から南に流れる「根川（残堀川）」に黒い新生児が浮いているという凄惨な風景もあった。黒くなくても、混血児やその母親を受けとめるほど敗戦直後の日本の社会は成熟していなかった。黒人兵と日本の女性との関係がいろんな意味で容易でなかったことは確かで、西立川の「赤玉ポートワイン」はそれを象徴しているように思う。

今、日本人の多くがオバマ大統領の誕生を心から喜び、黒人青年が歌う演歌を受け入れ、称賛する人もいる。そんな日本人は決して特別な人ではなく、普通の人である。現代という年月は容易でないものを容易に変えていく。「赤玉」が売れたという、あの日、あの時代のことを思うと、ただ、ただ驚くばかりである。

立川パラダイス

「殿方はどうして戦争がお好きなのでしょう」と、トルストイの『戦争と平和』の中で貴婦人たちが談笑している。

歴史の中で、戦争は敗者（の女）の中に勝者の遺伝子を注いできた。イベリア半島にはアラブの血が、エジプトの女王クレオパトラにはアレクサンダー大遠征のギリシャ人の血が流れている。日本の戦国時代や、アメリカの南北戦争のような内戦でさえ、男たちは無力な女性に蛮勇をふるった。

まして、日清、日露と戦争に勝ち続けた日本では、戦場での女性に対する武勇伝が農家の囲炉裏端の談話や宴席を賑わせた。それを若者たちが身を乗り出して聞いた。そのような風景があの敗戦まで続いていた。

太平洋戦争の終末、終戦時、ソ連軍の南下した大陸では日本女性がそのような惨劇に遭った。日本国内でも進駐した兵士による婦女子への危害が懸念された。それを防止するためには兵士たちの欲望のはけ口となるそれなりの場所が必要だとする政策が取られた。GHQやポツダム命令は売春を排除するように求めていたが、戦前よりあった売春を公認する赤線で区画された場所が各所に残され、また新しく設定された。立川パラダイスもその一つであった。

その歓楽地の歓迎アーチ、"Well come to Tachikawa Paradise"が立っていたのは立川駅南口、「いろは通り」の入り口であった。「いろは通り」というのは、駅南口を出て、生そばの「奈美喜庵」の手前を左折し、和菓子屋（汁粉屋）の「紀の国屋」の手前を左折する、自動車が辛うじて行き来することのできる程度の小路であった。その入り口、和菓子屋とおもちゃ屋の間を跨いで歓迎広告アーチは立てられていた。この道は南口大通りの左折の左折だから、立川駅に戻ってしまう短い道のように思われるかもしれないが、入ってまもなく、右に大きくカーブして東に延び、国立境まで続いていた。パラダイスはこの道を国立境まで詰めたところにあった。

この道の両側には古本とか米軍の放出品とかを商う、間口の狭い店が軒を並べていたが、前述の街路が右に大きくカーブするあたりに、この道の雰囲気と不釣合いな美容院があった。というのは外観が小奇麗なこともあったが、何よりも駅に近接していたこともあって、良家の子女、淑女を顧客にしていたからである。

この頃の美容院（パーマ屋）はどこでも小さなショウウインドウを備えていて、そこに日本髪や洋髪の美人の写真を飾っているのが普通だった。このショウウインドウとパラダイス歓迎アーチの位置との組み合わせが、この狭い街路に、繰り返し小笑劇を展開させた。

進駐したアメリカ兵が、もちろん白人であるが、このパラダイスで休暇のひとときを過ごすようになった。

そして、歓迎アーチを初めて潜り、パラダイスへ向かう米兵が、最初に目にしたものは美人の写真を飾ったショウウィンドウであった。彼らはその店のドアを開け、中へ入ると、長いすに着飾った美女が順番待ちをしていた。「ここぞ、"Well come"のパラダイスだ」と思うのはごく自然の成り行きで、米兵たちはその美人たちに抱きついた。

しかし、淑女たちは驚き、「自分はあの人たちとは違う」ということを全身全霊で示さねばならなかった。助けを求め街路に飛び出し、逃げ惑い、あるいは駅前交番に駆け込んだ。そんなことがたびたびあって、この街の人々は繰り返されるショウを楽しんだということである。

この話を教えてくれたのは、立川の母校校門のすぐ前に住んでいた大先輩の先生である。私が母校で講師をしていたときのことである。在学中、授業を受けたこともなく、教科も異なっていたので普段ほとんどお付き合いのない先生であったが、たまたま校内でお会いすると、私が幾つかの地域史の小論を書いていることを知っていて、立川の南口界隈の出来事を、次々と面白おかしく話してくれた。パラダイスはその一つである。

この先生のことを、生徒たちや同僚の先生方は「やまねこ」とか「やまね」とか呼んでいたので、本当は何というお名前だったのか、分からず仕舞いであるが…。

売春防止法は昭和三一年に制定されたが、完全施行は私が高校生だった三三年（一九五八年）春だったと覚えている。同級生の中には、「その前に…」なんていう奴もいたが…。

翌年、皇太子様（現天皇）が結婚された。世界が日本の男女関係に注目するというときだったから、戦後の民主化政策でやり残していた「やらなければならないこと」をやったのだろうと私は解釈している。

（二〇〇九年一二月）

多摩のシルクロードに生まれて

私の村「拝島」は、「織物の街」八王子を中心とする機業地の一角を成し、少なくとも私が大人になるまでは撚糸業や「村山大島」（武蔵村山で作られた「大島紬」）の機織業が繁盛していた。その身近に響いていた糸車の音が消えていったのは昭和五〇年代だったように思う。

糸偏景気の波は幾重にも去来し浮き沈みを繰り返したが、最後の大波が来たのは私が正規の教員になった東京オリンピックの頃だった。その頃、入学式や卒業式、ＰＴＡにやってくる母親たちの多くはまだ和服姿だった。「村山大島」のアンサンブル（共柄の着物と羽織）が大流行で、その下請け、内職の機織の「ガッシャーン、トーン」という音が農家の納屋やプレハブ小屋から元気よく聞こえていた。東北地方の刑務所の受刑者に低賃金で織らせ、大金を手にした機屋が浮かれていたのもこの時代だった。新しい織柄が競われ、機屋は柄の決め手となる原糸の染色と整経（縦糸を織り柄に整える）にだけ専念し、「機織り」は農家の主婦など、「織り子」に下請けさせていた。

カラカラ、カラカラ…景気良く回る糸車の音は私の村の、私の青春時代のＢＧＭでもあった。その音が、次第に小さくなり、やがて消えていった。学園紛争が燃え上がった七〇年安保の頃がその境ではなかったろうか。「安田講堂の攻防」「浅間山荘事件」「リンチ殺人」「ハイジャック」等を伝える記事が新聞の第一面を占め、学園には「フンサーイ」のだみ声と、「自己批判」を求める「ソウカツ（総括）」の声があふれ、殺伐とした空気が世の中を支配していた。

このような、ささくれ立った世界に着物が似合うはずがなかった。そして、着物が「余所行《よそゆ》きの普段着」だった文化は終わった。

ローマの桑の木

私は西洋の経済史、社会史を専攻し、村落や集落のあり方を学んでいたが、なかなか海外に足を踏み出すことは叶わなかった。訪欧することができたのは教員になって、三〇代も半ばを過ぎてからであった。その初めての訪欧のとき、ローマの街路に大きな桑の木が並んでいるのを見て、「何でこんなところに…」と驚いた。恥ずかしいことに、糸車の音があまりにも身近にあったためか、絹は東洋のもので、シルクロードの流れは東から西へ流れてゆくものだと思い、八王子や桐生、高崎が「絹の都」だという先入観が学問を始める以前にあった。それが「何故、こんなところに…」と思わせたのである。

世界史や、世界の産業史をまともに学んだ人なら、世界の「絹の都」が八王子なんかではなく、フランスのリヨン Lyon であることを知っているはずである。イタリアやフランスに桑の木があるのはあったり前のことで、西欧の王侯貴族や聖職者の着衣、王宮を飾るタペストリー等、絹織物の最上級品の多くはこのリヨンで織られているのだから…。

日本史の中でも、日本が幕末から明治の初め、西欧に生糸を輸出するようになったとき、幕府の外事顧問シーボルト P.F.Siebold は、日本のそれがヨーロッパのスタンダートに届かない品質であることを指摘している。

身近で飼っていた「かいこ」も、「欧―支」などと表記されたヨーロッパ種の遺伝子を持つハイブリット種であったから、よくよく考えれば「何故」の答えはすぐに出たはずであった。カラカラ、カラカラ…単なる不勉強、西洋経済史を専攻していた先公が…である。恥ずかしい…。

もっと身近な我が村の近代史を探ってみても、明治の初め（八年）にフランス製の蒸気缶（蒸気エンジン）を備えた製糸工場で生糸を作り、リヨンに輸出しようとしている史実がある。嶋田成徳という人が、そういう届けを出しており、我が村の『公用雑録』の中にそれが綴られている。多摩の片田舎にあっても、明治の先人の目は世界に開かれ、「絹の都」リヨンを、絹糸、絹織物の国際市場を知っていた。

破れた絹の靴下

明治以降、絹は日本の主要輸出品で、日本から欧米に輸出するのが当たり前だった。そんな時代に、原料をアメリカから輸入した人もいた。「えぇー。絹をアメリカからぁー」

この人は私の隣家の出で、昭和のはじめ八王子で活躍した。中島武市といい、戦前に渡米した数少ない「村人」の一人である。

彼は、そのアメリカで、婦人たちが使い捨てている絹の靴下に目を留めた。そして、それを一手に、捨て値で買い集め、日本に送らせたのである。

この靴下の糸を解き、絹糸に戻すことは、手先の器用な日本人にとって雑作もないことであった。蚕を飼い、繭を煮て生糸を取り出す、本来の製糸より、ずっと簡単に、ずっと安く絹糸を作り出すことができた。彼はたちまちにして巨額の富を手にした。そして、故郷の村に錦を飾った。

まず、先祖を祀る菩提寺（龍津寺）の本堂に金ピカの巨大天蓋を吊るした。

次に、村に消防自動車を贈ることを申し出た。村では大正期に村落の四半分を焼く大火があり、関東大震災がそれに続いた。大震災の後は、どこの村落でも防災意識が高まり、消防自動車の獲得は、多摩の村々にとって夢であり、叶えたくも叶えられない願望、宿望であった。隣村の砂川では、各集落がこれを購入するため祭り屋台を売却したほどである。この、武市の、またとない申し出は、村にとって願望成就となるはずであった。

しかし、これは村長でさえできないことで、武市の申し出は村長の面子を潰すことになり、受け入れられなかった。村長の家は「絹屋」と呼ばれ、「粉ふるい（篩）」になるメッシュ（網）を絹で織る家業で財を成していたが、単独で消防自動車を村のために買う経済力はともかくとして、寄贈の申し出を受け入れるだけの度量もなかったのだろう。武市のすごさはアメリカで学んだ「富者の公共福祉」（ノブレス・オブリッジ）を故郷で実践したことであろう。

しかし、当時の村内の富者が、これに学び、これに続いたという史実にまだ出会ってない。

そして、寺に吊るされた大天蓋も、今では厄介者になっている。というのは、その天蓋の陰に隠されていた天井画「龍」の方が文化財的価値を評価されたからである。もてはやされた「金ピカ」は、今ではガラクタのようないわれ方で、その扱いが寺の大きな重荷になっている。

しかし、私はこの「金ピカ」にも計り知れない文化的な価値があるように思う。日本経済の発展史の一端を物語る代物だからである。

カラカラ、カラカラ、糸車は回り、時代は流れていく。物事、ものの価値観も止まることがなく、何時までも変わらないというものは少ない。大方のものは忘れられ、消えていくのが運命なのかもしれない。

多摩のこの地域では、絹織物の製造業者の大店を「絹屋」と呼んでいる。中でも砂川の「絹屋」中野は富豪である。中里介山の小説『大菩薩峠』にも登場し、盗賊が破ろうとして、破れなかった堅牢な蔵にはその疵跡が今日も残っているという。

（二〇一〇年四月）

明治の息吹「ヘボンの旗」

拝島の村祭り（日吉神社祭礼）の幟旗の文言の出典が気になり心から離れない。今日は、その文言の謎解きを照会し、そのお手伝いをお願いしようかと考えている。

幟旗は祭りの日に長さ二〇メートルほどの檜の柱に掲げられる。そこには次のような五言の句が染め付けられている。「勧業天降録」「推誠神錫祥」が二対あり、「徳澤流千世」「威炎耀四夷」が三対で、四種計一〇枚である。

それぞれの内容を私なりに解釈すると「産業を興し、励めば、天は日々の暮らしの糧（＝禄）を下さる」「誠を推し進めれば、神は幸いを下さる」「神の恵みは千代、世界に及ぶ」「神の威厳はそれを知らない民をも照らし及ぶ」のようになり、これは漢文の形式をとっているが、私にはマックス・ウェーバー Max Weber が『プロテスタンティズムの倫理と資本主義の精神』の中で指摘したカルヴィニズム Calvinism の主要題目のように思われてならないのである。

フランスの宗教改革者カルヴィン Jean Calvin は「人が天国に入るのをゆるされのは、聖職者に罪を告白し贖罪を受けることによるのではなく、悪魔に心を奪われないように禁欲をして職業に専念することにより、自らの心の中に教会を打ち立てることにより救われるのだ」と説いた。それが資本主義、すなわち近代産業興隆の精神的な支えになったというのである。

資本主義的生産様式はイギリスやネーデルランド（オランダ・ベルギー）で起こり、西ヨーロッパや新大陸アメリカで商業的農業や近代産業として発展した。カルヴィンの職業に専念すれば救われるという教理は、職業、事業に携わる人々を支え、その生産様式を発展させた精神（思想）であるとされている。特にアメリカではカルヴィニズム Calvinism は各地域で分派 Sects しながら、フロンティア開拓や産業発展を支えたと考えられている。拝島の幟、特に「勧業」と「推誠」の対はまさしくこの教理そのもののように読める。

実は拝島という地域は拙書『千人同心往還 拝島宿の興亡』（けやき出版）でも述べたように、明治一〇年代の自由民権運動の盛期、近隣の多摩や秩父の村々で、困民党騒動があった時代に、それとは逆の動きがあった。八王子警察署拝島分署の存続や派出所の増設運動が起きており、新しい時代を歓迎している。またフランス製蒸気エンジンを導入して生産した絹糸を絹の都リヨン Lyon に輸出しようとした村長をはじめ、新しい政権の庇護の下で、新しい政権を利用して製糸、製氷、玉川上水利用の運送業など様々な起業を次々と計画し、実践している。

教科書の上では明治政府がすすめた富国強兵策や殖産興業策は欧米諸国の近代化を追従するもので、しかも、その産業の近代化は順次発展したのではなく、先進国ですでに発達した技術を導入し、国営企業の形で始められたとされてきた。欧米のような民衆の経済力や精神の高揚による起業について書かれることはあまりなかったように覚えている。しかし、その時代に、拝島では村民レベルで先進地リヨン Lyon に輸出することを目指した起業があった。

先述の幟旗の文言はそのような村民による起業が続いた明治七年の作成と記されており、この時代の民衆の殖産興業の精神の高揚が表れているように思われる。

それでは、それを誰が、何をもとに表したかが問題である。蒸気缶にしても、この文言にしても、田畑を這い回る農民が知りえるものではない。いずれにしても西洋事情に明るい、また漢文を自由に操ることのできる高学歴の人物によるものであろう…と。

プロテスタンティズムが臭う

キリシタン宗門の禁制があった江戸時代はカトリック諸国との交易は禁じられていたが、プロテスタントのオランダとの交易は許されていた。この交易を通して西洋の文物が日本に伝えられ、幕末には進んだ西洋の技術を蘭学として学ぶようになった。しかし、その蘭学はキリスト教の厳しい禁制の下では、医学をはじめ、西洋で発展した理化学や先進技術の研究に限られていたようで、その過程を通してでも、プロテスタンティズム（カルヴィニズム）の職業意識の浸透はなかったように教えられてきた。

そこで、知り合いの中国人にもこの文言の出典を尋ねたが、論語や孟子などの古典ではないということであった。五言の句であるので、リズムから、また神社の大多数が明治になるまで寺院に管理されていたことから仏教の経かもしれないと、真言や天台の僧侶にも尋ねたけれど、このような文言には出会っていないという。

それでは、この文言がカルヴィニズムだとしたら、どこから来たのだろうか。この話を百姓仲間にすると、八〇代（明治二〇年代生まれ）の一人が「昔旗揚げをしたとき、ヘボンということ聞いたことがある。道下（集落名）の旗はたいしたもんだ、ヘボンだなんて言っていた」と話していたことがあった。

ヘボンJames C.Hepburnは安政六年に来日し、横浜で階層の分け隔てなく無料の医療を施しながら布教に努めたアメリカ人で、彼とその妻はカルヴィン派の一つ、長老会presbyterianの熱心な信徒で、妻の開いたヘボン塾は後に明治学院に発展しており、ヘボンは日本最初の和英辞典を編纂した人でもある。多くの日本人がこの夫妻の伝道活動により新しい世界観・人生観を学んでいる。

そのうえ、このヘボンの活動があった横浜と、八王子や拝島は生糸の取引を通して強い繋がりがあった。幟の作られた明治初期の拝島の戸長、秋山朝三郎は医師で、多摩に多くの弟子を持つ人望家であった。続いて村長になった青木伝七は秋山の血縁で、問屋制の手工業ながら配下に四つの水車を擁す糸商で、広く生糸を売買していた。この青木家は横浜の天野貞祐（元文相）家と何層もの婚姻関係を持っており、後に拝島産業銀行を興し、その頭取になっている。この幟旗は、この二人が村を治めていたときに作られている。彼らが直接あるいは間接的にヘボンの影響を受けた可能性は否定できないように私は考えている。

その他にも、上層ではないが明治八年徴兵を逃れて出奔し、帰村後、縁日に西洋絡繰り人形を興行するなど、常人とは異なった生き方をした小林鶴吉は「ヘボンさんの奥さんのスカートを団扇で

誠を生きれば幸せに！

扇いだ」などの言葉を残している。このように、村にはヘボンに繋がる幾つかの史実があるので、アメリカ長老派からの流れがあったのではと、私は考え、信じようとしている。

この他にアメリカ文化との関わりからすれば、日本最初の訪米使節勝海舟に同行した乙幡彦八郎の存在も忘れてはならない。彼の揮毫ではないが、繋がりを考察する必要はあるだろう。

尚、近隣の入間市の教育委員会が『入間市の幟』を編纂している。そこに掲載されている幟はいずれも拝島のものより後に作られているが、中には拝島のものと似たような語句や、「神」が日本的な八百万の神でなく絶対神を意味するような文意を持つ幟が複数載っている。しかも、それらは勝海舟をはじめ、衆議院議員粕谷義三など欧米の文化に触れた人々が揮毫していることも、拝島の幟旗との関わりとして、特記しておかねばならない。

明治維新、それまで仏教寺院の下にあった神社が神仏分離令の下に独立するが、神道には特にこれといった教理があったわけではなく、その神事を司る神職の多くは維新により禄を失った武士が生活のために就いた。その彼らが主張すべきを幟旗にするとき、寺社本来の教義はなく、地域の、新しい時代の先導者、指導者となった彼らが西洋の新技術と共に、西洋の倫理を新しい時代の息吹として受け止め、祭りの幟旗に表したのではと…、間違っていても私は書きたいのである。いけないだろうか。

ここは多摩川を堰き止めている羽村堰の下、遡上する川船が到達できる最も上流の宿場であり、また、八王子、御殿峠を経て、相模そして横浜へ続く道すがらにあり、ここに新しい時代の、新しい教義が旗となって翻ったとしてもおかしくはない。

（二〇一〇年一〇月）

農家の後継ぎに嫁が来ない

背が高く、いわゆるイケメンで、労働意欲も経営意識も高く財産だってある。それでも農家の後継ぎには嫁が来ない。四〇、五〇のいい男がチョンガーでごろごろといる。「弟や娘は結婚してんだけどよう」と、爺さん、婆さんたちの嘆きを幾たび聞くことか。私の少年・青年期、昭和二〇年代、三〇年代には考えられなかった現象である。

高校を卒業した頃から映画をよく見るようになった。その頃見た、多分昭和三二年の封切だったと思うけれど、茨城県の霞ヶ浦周辺の農村を舞台にした映画『米』（今井正監督、江原真二郎、中原ひとみ主演）の一シーンを忘れることができない。

村の若い男たちが夜遊び（夜這い）に出発しようとしていた。全員が小船に乗り込み、いざ出陣というとき、自衛隊上がりの先輩株の男（木村功）が訓示をたれる。

「お前たち、娘っ子の前で、百姓の次男だの三男だの言ったら、誰も相手にしてくれないぞ。自作の総領だと言え…」こんなことを言ったように覚えている。

日本が明治維新により近代化の道を歩き出してから八、九〇年も経っていたというのに、その頃の日本の社会、特に農村の家族のあり方はまだ江戸時代を引きずっていた。

江戸時代の社会は、徳川家による支配――幕藩体制を維持するため、社会そのものを単純再生産すること（幾世代にも渡り同じような社会を反復、更新すること）を基本にしていた。そのことを如実に示しているのは、江戸時代を通して人口の三〇〇〇万人が変わらなかったことである。増えることも減ることもなく人口が同じレベルに維持されたのは、百姓でも武士でも、職業、階級を問わず、家業を継ぎ、結婚できたのは家督相続者一人のみで、それ以外は結婚して家族を持つことがなかったからである。弟たちの分家による独立は家数（戸数）を増大させ、人口は級数的（鼠算的）に増大する。それを排した理由は、体制を保持することであったが、飢餓を回避するためでもあった。

この時代は総生産の中で農業生産の占める割合が圧倒的で、日本に生きるあらゆる階層の生活がこの上に成り立っていた。その基盤となる農地の飛躍的で大幅な拡大は望めず、食料生産にも限りがあった。当然のこととして、そこに生きることのできる人口には限りがあった。食糧生産量を超えて人口が増大すればたちまち飢餓が襲った。支配者階級（武士）の給与である封地・俸禄や農民への賦課・年貢制度はこの農業生産の上に成り立ち、定められ、あらゆる階層の生活はその下にあった。

各々の家族（戸）の生活はその家業、家督による収入の上に成り立っており、その支えを持つ一家族から一家族のみを再生産し、分家を排せねばならなかった。農家の基盤は農地であり、それを相続するものは総領一人であり、分地による分家は基本的に許されていなかった（分地制限令）。禁令、政令がなくとも、幾世代に渡り分地によって耕作地を細分化することなどありえなかった。

武士階級にあっても、役人と呼ばれるように、役職・俸禄扶持（藤沢周平の『たそがれ清兵衛』は勘定組で、五〇石）が定められており、それを受け継ぐのは家督相続者＝長男のみで、それ以外の者は「部屋住み」という被扶養者として生きるしかなかった（ただ、どの階層、武士でも、百姓でも、有力者—上層の次、三男には他家への養子による妻帯の道は残されていたが、それは家族〈戸〉数の増大には繋がらなかった)。

総生産の著しい増大がない社会では単純再生産による人口の維持が飢餓を避ける方法だった。さらに、生活基盤の弱い階層では、生産基盤(食い扶持)にあわせた「口減らし」(水子、姥捨て)が行われていたのは(単婚小家族制)周知のことである。

テーマの本筋から少々ずれるが、資本制の経済が誕生する以前の中世のヨーロッパでは、近世以降でもカトリックの世界では、飢餓を逃れる方法として、やはり家督相続者のみが家族を持つ単婚家族制をとって人口の増大を制御していた。これは江戸時代の日本と同じであるが、家族の口数を調整する(口減らしの)方法は嬰児殺しでなく、家督相続者以外の兄弟姉妹がキリスト教修道者になり、男女別の修道院で禁欲の共同生活をすることで家計に依存する口数を減らし、人口増大を抑制し、飢餓を避けた。世界史の授業では習わなかったけれど、聖ベネディクトBenedictをはじめ、修道院運動の創始者たちの偉大なところは人口抑制の手段である結婚の放棄という、俗欲からの解放を「神への奉仕者になる」という宗教教義への帰依に高めて人心を救ったことであろう。

開国時、日本の嬰児殺しの習いはキリスト教国から批判された。明治以降になって法制の上で、やがて民衆の倫理観の上でも否定されるようになって消えていった。嬰児殺しが禁止されると、それなりに人口は増大したが、単婚家族制が解消されたわけではなかった。その理由は農村社会のあり方が江戸時代と変わらなかったからである。領地領民制を廃し、田畑の永代売買が解禁され、地租改正により「地券」が発行され田畑は農民のものとなったが、重い課税(地租)と景気変動により、貧農の耕作地は高利貸しを営む有力農民の下に集中し、明治の中頃までには、一方に大土地所有者、他方に多数の生産手段（耕地）を持たない無産者を生み出した。

このような経済状況は、資本主義経済が発祥したイギリスの囲い込み運動 enclosure movement の時代に似ている。かの国では集中した土地に「自給のためではなく、利潤獲得を目的にした」牧羊業という形の農業資本が誕生し、それが次第に産業資本に発展して、産業革命、近代社会の成立に繋がっていった。

しかし、日本では集約した土地の上に商品生産を目的とする農業経営が誕生することはなかった。高利貸し（有力農民）は集約地を大農園として自ら営農するのではなく、江戸時代の領主に代わり、領主同様にその土地を無産農民に小作地として貸し出し、小作料（年貢）を徴収した。そのため、日本の人口の大部分を占めた農民は江戸時代と同様の自給的小農園小生産の経営を余儀なくされ、その結果、その僅かな生活基盤＝小作耕作権を継承する総領のみが結婚し、家族を持つ単婚家族制が存続したのである。

「子殺し口減らし」が禁止され、一家族の口数は江戸時代の三～五人から五～七、八人と増大した。その結果、労働力は増大したが、耕作地が固定している限り生産量・収入の拡大には繋がらず、口数が増大した分、家計を圧迫し、農民は常に飢えと向き合わねばならなかった。その家計を助ける「口減らし」策として、最も一般的なものは「女中」「小僧」「作男（作代）」という奉公人になり、「他家で飯を食う」という方法であった。テレビドラマ『おしん』のプロローグは、主人公少女が迫られたこの厳しい自己犠牲の選択を見事に描いている。

奉公人の待遇は農家の口減らしに応えるだけで足りたので、「一人が食うだけ」の単身者賃金であった。また、この奉公人という労働者は次々と農村から供給されたため、次世代を再生産する必要はなかったから、家族の扶養を必要としない低賃金で事足りたのである。つまり奉公人は飼い殺しでよく、そして、ようやく芽生えた日本の企業の賃金もこれに習ったため、ここでもやはり、総領以外の男が結婚し、家族を持つことは難しかった。奉公人は労災や失業、老齢の身の扶養は生家に依存していたので、その保証のために少ない手当てを仕送りして応えた。片足を常に生家に置いた半独立の存在で「おんじ」「おんば」（総領の子供からすると叔父、叔母という意味）と呼ばれていた。

そんな結婚しない、できない「おんじ」「おんば」が昭和三〇年代頃まで存在したのである。公簿・戸籍にさえ本来は個人名でない「おんじ」で登録された人さえおり、その人たちの家族内での立場、あり方を物語っている。ＮＨＫの『ふるさとだより』という番組に「〇〇おんじ」という名前の人が出て驚いたことがあった。

そんな農村の総領と、次男以下の「おんじ」たちの存在が逆転したのは東京オリンピックの頃だったように思う。日本経済の成長、発展に伴い労働力需要が高まり、多くの若者たちが農村から就職列車に乗り、故郷を離れて都会に就職した。農村から見れば「口減らし」の対象であった彼らも、この時代には「金の卵」とか、「月の石様」と呼ばれ、日本経済の高度成長には必要欠くべからざる存在になり、彼らの待遇も飛躍的に改善されていった。

また、経済発展が生み出す様々な工業製品は日本人の生活を変え、消費を拡大していった。洗濯機、テレビ、そして、東京オリンピックの頃からはテレビはカラーになり、冷蔵庫、自家用車と続き、英語の教科書の挿絵でしか見ることができなかったものを手にすることができるようになった。日本経済が大発展し、日本人の生活が大きく変わっていく中で、農村にもその波は押し寄せ、生活機材、耕耘機、トラクター、トラックなどの耕作機器の導入が必要になった。しかし、この時代になっても、日本の農業は相変わらずの自給的小農園小経営であった。「食える」「食うだけ」の農業の収入では、発展し続ける日本の工業が生み出す工業製品の購入は難しく、農家の「跡取り」たちはその資金を得るために、弟たちの後を追い、都会へ「出稼ぎ」をするのが普通になった。

兄ちゃんたちの「出稼ぎ」労働は、弟たちのような自由な都市労働者と異なり、農村の家督を守りながら、都会の飯場暮らしをする二重生活を余儀なくされた。こういう世相の中から結婚観「家を守らねばならない総領より、自由な弟分がよい」が「婿選び」の常套句になり、今日に続いているのである。

日本経済が順調に発展し、その結果、社会基盤や価値観が大きく変化していく時代の流れの中で、その変化に、農村社会が動揺し始めたのも、ちょうど東京オリンピックの頃だったように思う。

私が社会人になったのは、ちょうどこの日本の農村の転換の頃だった。最初に勤めたのは八王子の滝山丘陵に新設された東京純心女子学園だった。その頃の教員生活はまだ暢気な稼業で、授業のない時間は前を流れる谷地川に釣り糸を垂れた。谷地川の土手の萱や葦の茂みにはいたるところ「タラ」が群生していた。今では高級山菜として知られている「タラ」も、その頃はトゲトゲしく痛そうな芽葉を食べることなど、多摩の普通の人は知らなかった。それを近くにできた飯場の人たちが東北弁をしゃべりながらうれしそうに摘んでいた。「そんなものどうすんのよ」と尋ねても、ただ笑っているだけで、その美味しさを教えてくれなかった。私がこのトゲトゲを天ぷらにして食べたのはそれから四、五年経ってからだったと思う。その頃にはタラの木は採り尽され、水は汚れて、魚が住めない川になっていた。

（二〇一一年六月）

被災集落から新設集落への移住

東日本大震災と原発事故から一年が過ぎ、帰還の見通しが立たない自治体の中にはバラバラに避難している住民を別の一か所に集め、元の自治体を復元することが検討され始めた。その可否と是非が問われるところではあるが、多摩の歴史の中にも被災集落を捨て、新集落に転住した例があるので紹介したい。

多摩の場合、大災害といえば多摩川の洪水によるものである。大火災や大風《おおかぜ》によるものもあるが居住地を失うことはない。

文禄二年（一五九三年・秀吉の朝鮮出兵の翌年）の大洪水では多摩川中流域で多くの集落が流失している。私が住む昭島市内では旧拝島（拝島宿成立前）と宮沢両村の一部が流失し、そこから移住した住民が新たに上川原村を新設している。拝島の上河原（かみかわら）から曹洞宗龍田寺と共に石川と大野「姓」の戸が、宮沢からは指田、大貫、木野「姓」の戸が移住した。これらの「姓」の戸は全戸が移住し、旧集落に同姓の戸を残していないのがこの時代の移住の特徴である。江戸時代以前では血縁や親方被官関係を示す同姓一族の結びつきが強く、同姓間での互助、共同の結びつきが生産・生活を支えていたことを窺い知ることができる。

また、龍田寺と共に移転した大野、石川「姓」の戸はその門下に入るが、宮沢から移住した「姓」の戸はすべて旧村落の真言宗阿弥陀寺の門下に留まっている。

宮沢村からは江戸時代に宮沢新田（現立川市砂川）が生まれるが、この時代の移住は同（姓）全戸の移住ではなく、同「姓」が新旧両集落に分散している。これは徳川政権が下克上の災いを避けるため、互助・共同組織を近隣「五人組」に変え、一族の結びつきを弱めたことが現れたものであろう。もう一つの移住は多摩川右岸、滝山城の北東に位置した「作目村」である。ここは高月村の天台宗圓通寺門下の大きな集落であったが今日では全戸移転し集落は消滅している。

多摩川の中流域は左岸（北岸）が北多摩で、対岸が南多摩である。しかし国道一六号拝島橋の南岸は北多摩の昭島市が八王子市を侵犯しているような境界線になっている。滝山丘陵の南の東京純心学園は八王子であるが裏山の稜線より北側は昭島市となる。ここが作目村があった場所である。その作目の住民の多くが現昭島市内の田中村に移住したため、その故地の地籍が旧住民の住む田中村に属し、今日に至っているためである（今は昭島市拝島町六丁目）。

作目の最初の被災転住も文禄二年で、井上「姓」の二戸が田中村の西端に移住している（NHKテレビ・夜「ニュースウォッチ9」のキャスター井上あさひの祖でもある）。この時代の田中村はごく小さな村で、宗門人別の寺がなく旧住民・乙幡「姓」は曹洞宗龍津寺（拝島）、村田「姓」は大神村天台宗観音寺の門下である。井上姓はこの二戸の他になく、他の同「姓」の戸は流失したとも考えられるが、確かではない。また宗門人別は故地と同じ天台宗の寺が田中にはないため、拝島の圓福寺の門下に入っている。作目の流失はこの後も数次にわたり、記録に残るものは千人同心頭塩野適斎の『桑都日記』にある貞享二年（一六八五年）の流失で、近隣数か村に移住したことが知られている。和田「姓」は田中村の他、多摩大橋南岸の八王子粟の須、日野市東光寺にも移住しており、拝島の和田氏はそこからの二次的な移住であろう。他に小池「姓」、矢島「姓」の戸も田中に移住した。この三「姓」の戸は拝島、圓福寺の門下になるものと高月圓通寺門下に留まるものがあって、流失時が異なることが考えられる。しかし、近年、対岸にある高月圓通寺では葬儀や墓参に不便ということもあって、拝島圓福寺や村内で尼庵から昇格した異宗派曹洞宗の「田中寺」の檀家となる戸もあり、家々が故地「作目村」に繋がる歴史が危うくなっている。

「上川原」「田中（作目）」今ここに住む人々の誰が、昔の被災を思うだろうか。誰もその歴史さえ知らないだろう。一〇〇年後、二〇〇年後、福島県の被災者にも二〇一一年の三月を忘れる日が来るのだろうか。

（二〇一二年七月）

基督が臭う地蔵

私が所属している山仲間の会報誌にこの原稿「多摩を耕す」を連載させていただいている。前号にそれが載らなかったら、「今何が採れているんだ」と収穫野菜のことを尋ねる先輩。マルベリーの手作りジャムを送ってくれて、「こんなの作りましたけど、どんなものでしょう」と評価を求める後輩。間接的に私の健康状態を心配してくれているのである。「いけねぇ、まずい。有難うございます。すみません」――俺って…幸せ…なんだ。田んぼや畑が忙しくても、さあ、原稿送らなくては…編集長、みなさん、勘弁。

私の家の脇に、おそらく江戸時代末期のものだと思われる上部が欠けた砂岩の墓石が立っている。風化が激しく中ほどにあるレリーフはもう消えかかっているが、地蔵様の座像のように見える。

この地域にはまだ二墓制（村落共同の「埋め墓」と屋敷近くに墓石を立て花や線香を手向ける「拝み墓」）が残っている地域もあるが、これは我が家の「拝み墓」ではない。「疣（いぼ）地蔵」と呼んで、疣やおできを病んだ人が、その治癒の願をかけるお地蔵様である。

東京都下のこの地域でも、昭和三〇年頃までは、衛生状態が悪く、医療や保健衛生の意識も低かった。その頃まで、この石地蔵は荒縄でぐるぐる巻きにされていた。病気を治してくれる「縛られ地蔵」だったから…である。

普通のお地蔵様への願掛けは、石のダンゴを供え、「願いが叶ったら、米のダンゴやるからな」と言って拝むのであるが、ここでは、「治してくれたら、縄をほどいてやるから」とか、「治さなかったらほどかねぇど」と脅すようにお願いするのである。

一〇年位前、藤川先生という社会学者が来て、「これは徳のあった罪人、衆人のために犠牲になった罪人の墓（義人の墓）では…」と、そんな風に言っていた。だから、縄で縛られているのだと…そして、その人の徳に縋るのだと。

どんな罪人だったのだろうか。そんなことを思っていると、墓石が欠けていることが気になった。もしかすると、もしかすると…、あれでは…。何故なら、外人墓地で見かける、欠けている墓石とか、割れ輝《ひび》が入っているものは、天命による死ではなく自殺や処刑死といった人為的な死者の墓だという。

この墓石が、「欧米の風習」といえば、あれしかない…。

戦国時代、ザヴィエルが伝えたキリスト教は爆発的に日本中に広まり、キリシタンの数は何一〇万人という規模になったという。その戦国時代、天正一八年（一六九〇年）北条氏照の八王子城が、前田利家、上杉景勝らに攻められ落城したとき、城の女たちは自ら命を絶ったと伝えられている。これは「二夫にまみえず」という基督の教えを守ったからではないかという歴史学者もいる。

戦国の世では、「女性」もまた戦利で、「殿方はどうして戦がお好きなのでしょう」という、『戦争と平和』の有名なせりふがある。そのような時代、女性も覚悟していただろうに…。でも、キリシタンなら…。

一五七八年、秀吉がキリシタン禁教令を出し、江戸時代の一六一二年からは、それはさらに厳しくなり完全な鎖国が幕末まで続いた。それでも信者たちはコンフラリア（信心会）を組織して信仰を続け、その間に三万人の殉教者を出したという。江戸市中でも、多くの隠れキリシタンがいたといわれているから、このお地蔵様が臭ったとしてもまったくの的外れではないだろう。ここは八王子の城下である。八王子の資料館の玄関前にも形は異なるが「縛られ地蔵」が保存されている（最近、見当たらなくなったが…）。

さて、我が家の脇にある「疣地蔵」であるが、これは昭和のはじめまで、現在地より南の集落から田んぼに斜行（トラバース）して降りるはけ（崖）の道の途中に立っていたらしい。

大正一二年（一九二三年）の関東大震災で東京の市街が被災したとき、資産家や上流社会の人々の間では、生活拠点を市街地だけに置いておくのは危険だと言われるようになったという。ちょうどその頃、皇族「山階宮」の別邸が、東京大学の耐震構造学の権威、鈴川博士の薦めにより、拝島にあった「伏見宮」邸の跡地に建てられ、近くに博士も住まわれた。すると、拝島は安全なのではと次々に有名人の別邸が建てられ、財閥三井家も、宮様の屋敷続きに三万坪の敷地を買収し、鍋島候の江戸屋敷の和洋折衷の大建築物を赤坂から移築して、別荘にした。あの「縛られ地蔵」があった場所も、

「縛られ地蔵」の小屋づくりをする人々

その屋敷地になった。そのとき、キリスト教徒の屋敷地に、こんな墓石があってはと屋敷の外に、二坪ほどの土地を用意して、そこに地蔵様を移させた。それが現在地である。

が、このお地蔵様の運命はそのままではなかった。

日本が戦争に負け、財閥解体があったとき、別邸は、三井物産など三井系列会社の海外駐在員の子女らを教育してきた啓明学園となった。そして、あの輸送・旅客機ダグラスＤＣ３（三井の昭和飛行機工業が戦前より製造してきた、輸送・旅客機ダグラスＤＣ３のダグラス社、そのダグラス家の一員と思われるダグラス・ビクスラーというアメリカ人宣教師が学園長として就任した。すると、「キリスト教の学園所有地に、仏教の遺物があるのはけしからん、撤去する」と言い出した。地蔵の立つ土地は啓明学園の敷地から小道を挟んだ場所だったが、学園の所有地であった。村人たちは、地蔵に縄をかけ、丸太ん棒に吊るし、近くの寺の山に運び、隠した。そして、ほとぼりの冷めた昭和二六年頃、こっそり現在地に戻したのである。あのとき、何故、キリシタン地蔵だと言わなかったのだろう。その頃は、まだ誰も、こんな文章を書いている私も、キリシタンであると気付いていなかった。

生前、縛られて処刑されたこの義人（地蔵）は墓に入った死後も、数回縄をかけられ、運ばれるという数奇な運命に翻弄されたのである。

そして、現在地に移されてから半世紀以上の年月が流れ、もう疣やおできを病む人はいなくなった。縄で縛られることはなくなったが、誰からも見捨てられてしまった。風雨に曝された砂岩はぼろぼろと崩れた。このままでは座像の浮き彫りも消えてしまうだろうと、私は地域の住民に働きかけて、数年前小屋掛けをした。すると、癌を病む人だろうか、足腰が痛む人だろうか。また、地蔵様の出番が出てきたようで、願掛けの痕跡を見かけるようになった。それでも、その願掛けは「縛る」のではなく、それどころか賽銭箱に千円札が見えることさえある。

キンモクセイの花が匂う…ふるさとの秋である。

（二〇一三年四月）

嫁は「山」からもらうな

「嫁は山からもらうな。娘は山にやれ」。これは多摩地方の村々で、昭和三〇年頃まで、「嫁のやり取り」について言われていた戒めの言葉である。

私の祖母の家は昭島市大神の中農で、祖母は三人姉妹の末娘だが、姉二人は八王子の谷野と小田野の「山」の名門家に嫁いだ。

末娘の私の祖母は「貧乏人でも近くて…」と分家で小作百姓の祖父と一緒になったが、「好きで、一緒になった」という説もあり、一〇人もの子供をつくり、育てている。

祖父母のことは兎も角、「山」とは山村のことで、「山の村」の「山持ち」「山地主」を指すこともある。

昭和三〇年代初め、高校生になり、物理の授業で初めて「ガス（都市ガス）」に出会った。科学実験のブンゼンバーナーである。使用法とガスの性格を繰り返し先生は説明されたが「こんな便利な物が…」と思いながらも、得体の知れない、危険をはらんだ存在にしり込みする私（たち）だった。

当時、立川や八王子のような大きな町の市街地にはガスは引かれていたが、多摩の（日本の）大部分の住民の炊事・風呂や暖房の燃料は薪や木炭だった。

こんなわけで、「山」なしの生活は有り得ず、「山」は今よりもずっと存在感があった。青梅の農林高校出の百姓仲間が言うには、「あの頃、山の連中は景気よくてなぁ、バイクで通学してたよ。原の奴らは皆チャリンコだったけど…」と。

私は一〇年ほど前、『千人同心往還 拝島宿の興亡』なる本を出したが、最近、この本のタイトルの間違いに気付いた。この「拝島宿」の最盛期は幕末から明治二〇年代までで、その繁栄は近隣の町村を凌ぎ、人力車が二五台登録され、その発着所があり、拝島大師境内には芸姑のいる茶屋もあったほどだが、その繁栄は「山」に関わる繁栄であった。

山の産物が我々の生活を支える大きな柱であった頃、その重量物の運搬は「いかだ流し」や川舟といった、内水路輸送が担っていた。

拝島宿はその停泊地、筏の上荷の中継交易地、「筏師宿」に変わっていたのである。

拝島が筏師宿になった最大の理由は、多摩川の筏は常時通行せず、月に六回、「五」と「六」の日だけ「上水」の取り入れ口「羽村」の堰が外され、上流に待機していた筏が一斉に流れ下った。

東京湾到着まで四日程要したが、その最初の宿泊地が拝島だった。拝島には近在の生産物が運び込まれて取引され、筏の上荷として積み込まれ、江戸に下っていったのである。

そのため、宿屋や遊興の場だけでなく、この交易に資金を提供する高利貸しも多く、それが明治三〇年代の拝島産業銀行に発展した。

この筏師宿の繁栄は拝島を初めとする多摩川筋に限らず、入間川にもあり、そこに生きた人々が遊興の場とした施設の跡が今も残存しているという話だ。

また明治四年から数年間、「玉川上水」を利用した川舟運上があったが、飲み水を汚すとの理由で、数年間で終わったが、これも筏運上が発展した企画・経営であろう。

さて、「嫁は山から…」のテーマからは大分反れたが、「山」が持つ経済力は今と比べようがなく大きかった。その山での生産は、「日が照ればいくら。雨が降ればいくら」と言うくらい、「手のかかる田畑」での生産とは大きく異なっていた。特にその生産に関わる女性の労働は「山」のそれは「原」に比べれば、はるかに軽微だったという。

だから、「原」の人間は「山の女は仕事をしないから、嫁にするな」と言ったらしい。そして、娘は「山」に嫁がせれば、楽をさせることができると…。

私たちの朝市のメンバーに山から来た「嫁さん」がいる。多摩の自動車販売会社の社長夫人だが、私たちに混じり、自作の「曲がった大根」や梅干を売っている。

アメリカの大学で薬学博士号を取得した才媛だが、野良に出てよく働いている。このご婦人は「こちらに来たら、田んぼがあって、お米のご飯が美味しかった」と言っていた。

私の大叔母たちは「仕事は楽だったが、食い物には苦労した」と…。

農林高出の百姓仲間の話では「今、山は二束三文だ。椎茸のホダ木もただでいいと言う時代だ」とのこと。こんな山や里の話は、今じゃ分かってもらえないか。

（二〇一三年七月）

附（論説）玉川上水・羽村堰の成立と「拝島宿」の誕生

ひと昔になるが、私は『千人同心往還 拝島宿の興亡』をけやき出版より出した。その後教員生活から離れ、一〇数年、専業の農夫として田畑を耕してきた。その田園生活をする中で、教員時代には見えなかったものが見えるようになり、「拝島宿」の成立についても、この本の執筆時には気付かなかったことを見つけ出すことができた。それは多摩地方、東京の歴史にも関わる重大な事項であるので、場違いな感はあるが、教職、研究職を離れ、発表のすべがないので、本書に記したいと思う。

かの本では、「拝島宿」は、江戸時代の初めに計画的に造成された集落で、日光東照宮警護の八王子千人同心の往還路が千住大橋周りから、ここを経由するようになった。ちょうどその江戸時代のはじめ頃に、「先史時代から続いてきた、今日の拝島上宿の西から、隣村熊川境までに広がっていた集落が江戸時代を境に突然消えた」という立川女子高校の和田先生たちのグループによる「拝島団地建設の事前発掘調査の報告」から、拝島の宿場は「千人同心往還路のため…」と短絡してしまった。しかし、数ヶ月の間隔で通過する同心のために、それも多摩川の出水時でなければ、本拠地八王子とは数時間の位置にある拝島に宿場が必要だったろうか。宿の新設には別の要請、大雨時には水路となる居住に不向きなところを大規模な土木工事をしてまでも、ここに拝島宿を作らねばならない理由が他にあったはずである。そう考えた時、この時代の大きな史実との関連に気付いた。それは「玉川上水」とそれへの取水のための「羽村堰」の設置である。拝島宿の新設の歴史文書の存在は知られていないが、この新設拝島宿へ、新設間もない上水から分水がなされている。これは野火止用水と並ぶ、ごく初期の分水である。しかも、その分水の年には、他の分水にはない「頃」が付き、曖昧なことである。これは拝島宿の成立が急務で、井戸掘りに先駆けて飲み水を確保するための給水であったと推測できる。また、これは、この時点での施政者松平信綱の支配下への給水、「野火止」より早いのは不都合であったからでは…。

これまでしても、拝島宿の新設を急がねばならなかったのは、羽村堰の設置によって当時の大量輸送、重量物輸送を担ってきた筏運上が中断されたからではと気付いた。筏運上は鉄道輸送が始まるまで、重量物輸送や長距離輸送を担う重要な輸送手段だったはずで、これが中断されることは木材を運ぶだけでなく、上荷の輸送もあって、この地方の経済活動に大きな支障を来たしたはずである。その対応策として、月に六回、五、六の日の正午に堰が切られ、筏等が一斉に堰を通過する処置がとられた。この堰を通過した筏を流すためには、その後も堰が開放されている必要があり、上水への取水は中断された。この開放時間を短くし、取水を再開するためには、筏等を開放水を必要としない場所に到達させることが肝要である。その場所が拝島であった。拝島まで下れば、秋川が合流し、その水に乗ればよかったからである。また、拝島は左岸の河食崖が後退して、河原（氾濫原）が広く、多くの筏や川船を係留するのに適し、荷の揚げ降ろしの

多摩川を舟で渡る路線バス（昭和20年代）

条件を備えていた。「日暮れまでに（短時間で）宿泊・係留地、拝島まで筏等の到達を完了させて」堰を閉め、取水を再開する必要があった。堰の「正午開放」と「拝島宿の設置」は上水と河川運上を両立させるのに欠くことのできない施策であったと考えることができる。

筏師宿や上荷の取引の場となったのは多摩川と秋川の合流点から約一キロ下った、今日の拝島大師門前周辺で、ここが「宿」の戸番や番地の一番になっているのがそれを物語っている。ここには河川運上を司る「谷部家」一族が多く居住し、その西には材木商、製材業を営む「谷部家」も続いている。

この拝島は先に述べたように、筏等、河川運上の係留、荷揚げ地に適していたので、以前よりその運用があったと推測されるが、拝島宿はそれを拡大発展させたものとも推察できる。「拝島宿」以前の「拝島」は、河崖段丘上の現在の拝島宿の西端から西に、拝島団地一号棟周辺に展開していた。「拝島」の名は、この河岸段丘の南端に、多摩川の対岸に天台の名刹・圓通寺があり、その守護神山王社が拝島側の河岸段丘南端にあり、住民らが寺の安寧を祈り、ここに向かって「手を合せ拝む場所」＝「拝島」に所以していると考えられる。「拝島宿」はここの住民が大挙移住し（させられ）「宿」の中核をなしたので新集落の名が「拝島」の呼称となったと推測される。

新たな「拝島宿」を構成したのは、筏運上を司る谷部家を中核とした、大師門前の「堂方」＝「坂下」と、そこの西、河蝕崖上に、新設の「下宿」「中宿」「上宿」の三集落、合わせて四集落の街村であった。このうち、旧拝島から移住したのは、「拝島宿」の西端の「上宿」と、「中宿」のうち、中央街路南側の住民で、「小山」「秋山」など同「姓」集団で構成されている。「中宿」と「下宿」の北側は同「姓」集団がなく、ほぼ単独「姓」の戸で構成されおり、また、その後の「拝島宿」の運営の中核をなすことから、近隣の村々から有能人材が集められたと思われる。下宿（坂上）南側は先住の戦国時代の武士集団だったという臼井一族がそのまま居住し、新住民の屋敷地が同じ幅の地割であるのに対し、広大な屋敷地をそのままにしている。先住者には他に、街路北側に久保姓が二戸あるが、これは戦国時代新田義貞の北条攻めの折、ここに神明神社を建立、戦勝祈願が行われ、その後この久保二戸がその神社を守り続けたと伝承され、檀家法制度が敷かれた時点で天台宗普明寺檀家の筆頭に位置し、先住者であったことを物語っている。このように拝島宿は造成も居住者の配置も住民を超える権力により計画造成された集落であることが分かる。

中宿、下宿の街路北側の居住者が有能集団であったと述べたが、著者が小、中学生時代、まだ優等生の表彰があった時代、ここに住む子弟がこぞって表彰台に上がったのを覚えている。また、ここからは日本史に名を残す人物も輩出している。江戸時代末期、勝海舟を頭とする訪米使節団の乙幡（小栗）彦八郎である。

先年、農協の研修旅行の折、バスで隣席となった武蔵村山市大曲地区代表の乙幡姓の方からこんな話が出た。「俺たち乙幡一族は戦国武将武田信玄の大家臣団で、八王子城陥落

奥多摩街道脇を流れる拝島分水（1956年頃）

後、村山で百姓になった。拝島の乙幡は俺たちの親方様だったが、拝島に連れて行かれてしまった」と。

この乙幡家の墓は、菩提寺龍津寺を建立したと言われる臼井一族の特別席に、中央を分け入るように位置し、他を圧倒する存在となっており、「拝島宿」設立、運営の中核となった家門であることを示している。

この乙幡家をはじめ、中宿、下宿（坂上）の街路北側の住民は有能者集団であったことを示すように、宿の新設時はどの戸も屋敷地の地割りは等間隔であったが、財力、支配力をつけた戸が、隣家の屋敷地を取り込み、広げている。

今日、中宿、下宿（坂上）の南側の単独「姓」の戸は、開村時、有能者、頭脳集団の戸として北側にあったものが、隣家繁栄の煽りで南側に住み替えさせられた結果と考えられる。ここの単独「姓」の末裔も学業優秀者が多いことがそれを証明している。「中島」「小林」（家紋、菩提寺の異なる二戸がある）、「矢島」などがそれである。また、現在では、有力家の分家（「清水」「和田」）も南側にあって、新たな同姓集団が形成されているが、開村時の同姓集団のとは区別する必要がある。

拝島の開村時、他所に先駆けて分水された「拝島分水」は、新村「拝島」設立の意義、重要性を物語る重要史実である。また、開村後は、飲料水だけでなく、小荷田の水田用水や水車の動力としても利用され、電動機や内燃機が出現するまで、ここの産業を支える原動力であった。しかし、町村合併により昭島市になり、自動車交通が発展するに従い、今日ではこの重要史跡も暗渠化されている。今からでは困難なことではあろうが、暗渠となっている分水の一部でも元の姿を取り戻すことができれば、郷土史の資料を提供することになり、郷土愛のシンボルになるのではと考え場違いな附載となった。

拝島宿は多摩川の筏運上を父に、拝島分水を母に誕生したと言える。

大雨時の雨水（野水）の河床という悪条件の土地を、多摩川、秋川の合流点下の筏、船着場の適地に近いということを理由に、大規模な土木工事をもって改善し、街村を創設し、隣接の村「拝島」から全住民を移住させ、さらに近隣より有能者を集め新村落「拝島宿」を創設し、その集落の飲料水に、通水直後の玉川上水の分水を流した。このような大事業を一村落や近隣の居住住民が計画施行することは不可能で、玉川上水開削の事業の一環として成し遂げられたものと考えられる。ただ、拝島分水の分水（通水）年が、他の分水が明確に記録されているにも関わらず、「頃」と不明確である。これは一つには、拝島宿の設立・移住が、上水開削、羽村堰設置と同時進行、同一事業で、また、その飲料水の提供も緊急事業であったため、他と異なり、改めた「分水」ではなかったことの表れではないのだろうか。あるいは、当時の施政者松平信綱支配下に流れる野火止用水に先駆ける分水であったため、「頃」がつくのではと、思い巡らし楽しんでいる。

玉川上水羽村堰設置に伴う
筏運上の宿場「拝島宿」の新設

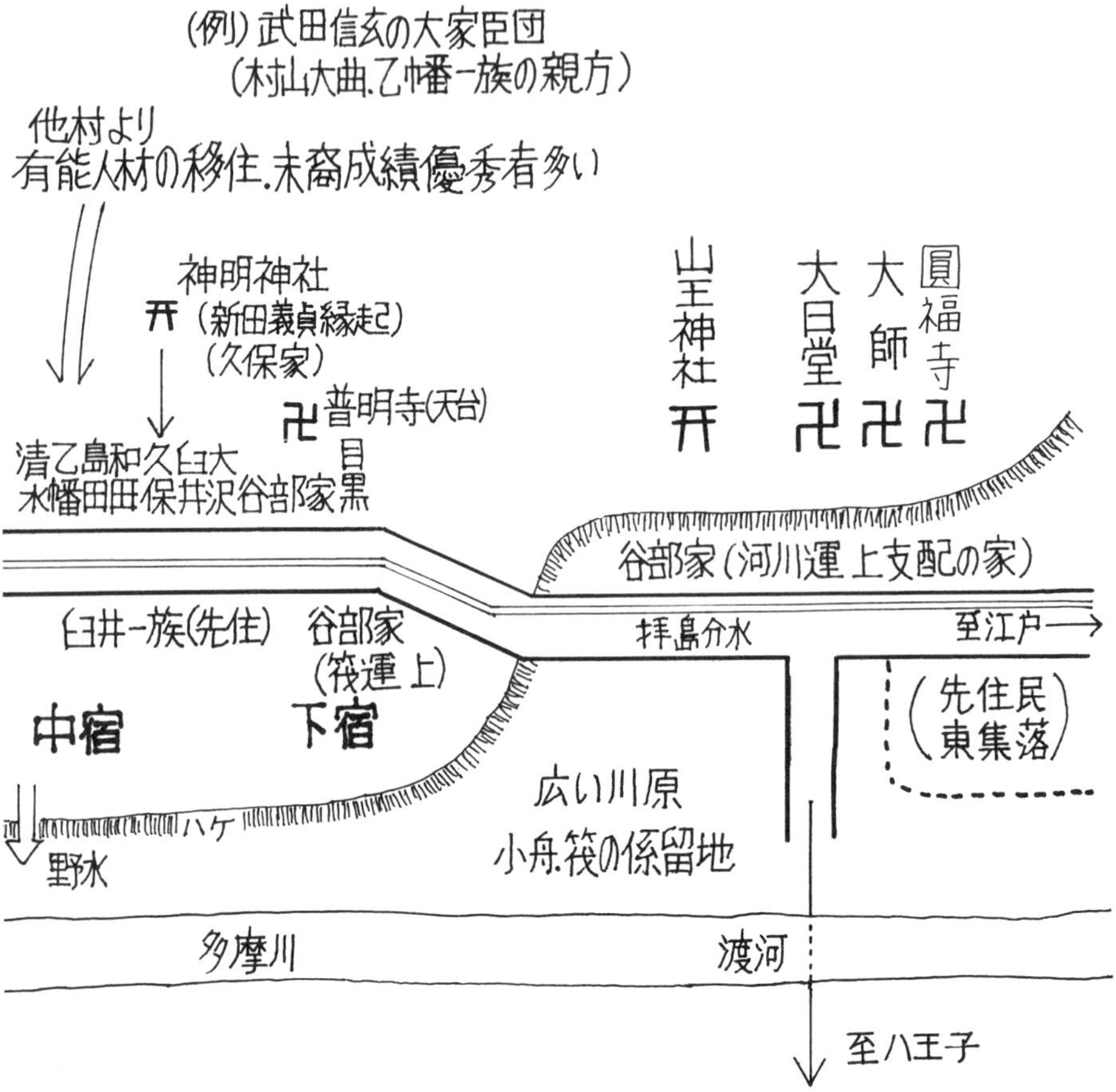

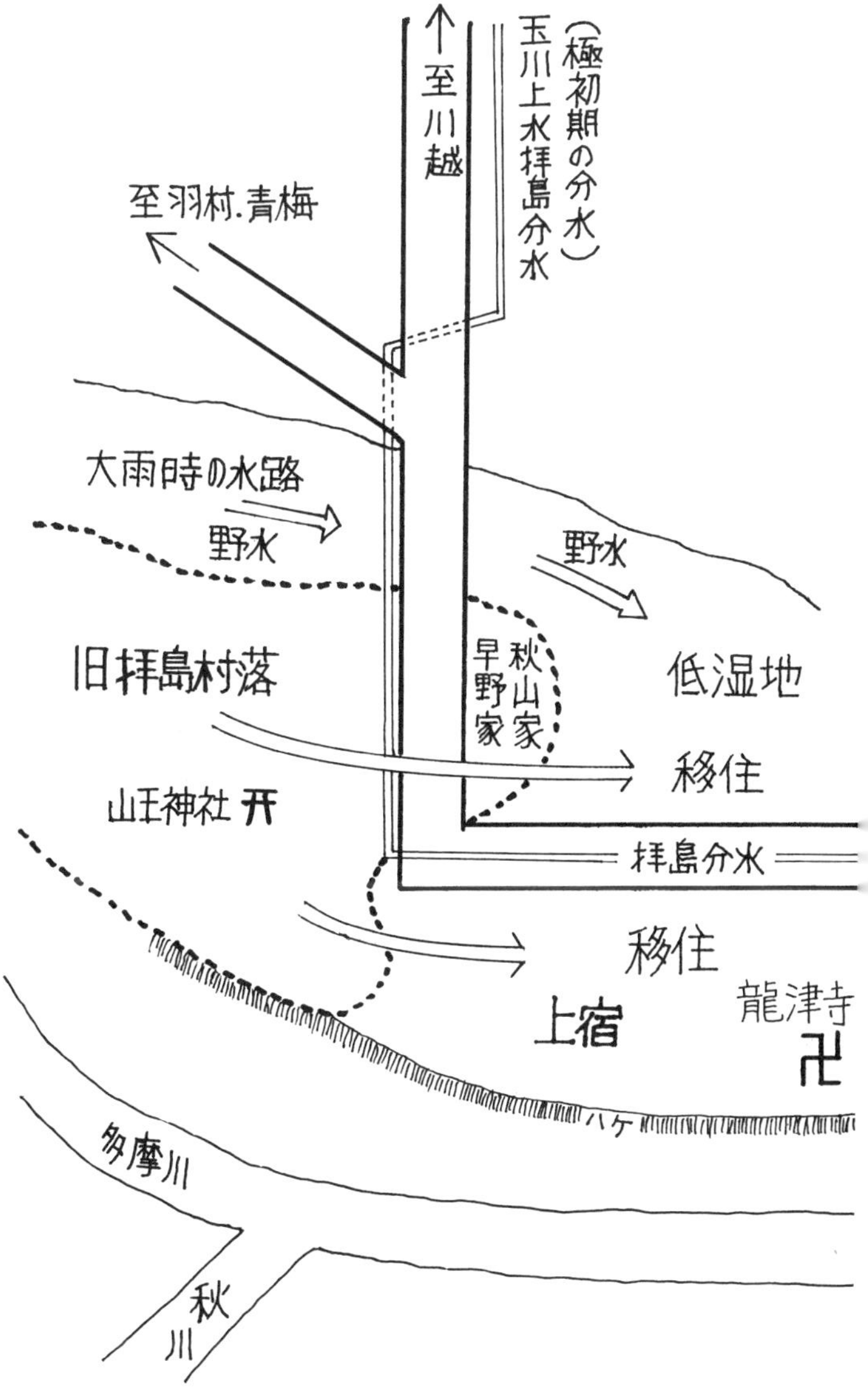
至川越
(極初期の分水)
玉川上水拝島分水
至羽村.青梅
大雨時の水路
野水
野水
旧拝島村落
早野家
秋山家
低湿地
移住
山王神社
拝島分水
移住
上宿
龍津寺
ハケ
多摩川
秋川

地図作成：中島広秋

あとがき

本書を出版できたことは、農業にたとえれば、私の人生の刈り入れ~収穫とも言えるが、この収穫は私の一人のものではないと考えている。ここに収めた逸話は、どれも、これも、みぃ~んな、多摩で、近隣で、そして、もう一つのタマ「地球」の国々を旅して、見聞きしたことで、そこに生きた人々が主役である。

それを私なりに解釈して作文したもので、私の母校、立川高校山岳部ＯＢ会の「紫峰会だより」に、一〇数年間という長い間、連載されてきた。山登りにはあまり関係のない話を、会友、岳友の心温かく、それこそ、地球的視野、思考による応援、支援があって、それに支えられて書き続けられたことで生まれた一冊だと思う。だから、この刈り入れは私一人のものではないと肝に銘じている。

戦後七〇年、世界、日本、そして、私たちの多摩も大きく変わってきた。そして、これからも変わり続けていくだろう。長い多摩の歴史からすれば、ほんの瞬きをする間のこと、かも知れない。そして、私が見聞したことなど、蚤糞の滲みほどにもならないかもしれない。それでも、大きな戦争があって、それが終わって、何もかも無くなってしまったところから、何でもかんでも有り余る現代まで生きて、多摩にも、タマ「地球」にも、こんな時代が、こんな生活が、こんな考え方があったんだと伝えることができるなら、何よりだと思っている。

多摩で生まれ、多摩で生き、教師をしながら百姓を続けてきた「貪百姓先公」の「普通でねえ」と言われている世の中の見方も、茶飲み話の話題を提供するくらいのことはできるだろうと…。

そして、変な野郎の話し相手になって、村の、昔の、「馬鹿っぱなし」を教えてくれた「アッサン」「忠ちゃん」「久保ユキちゃん」「マーちゃん」「守雄さん」…そして、聞き手になってくれた「茂男ちゃん」「のぼちゃん」「多知子さん」そして「おかぁ」…大勢の百姓仲間、隣人がいたから、そして、そして、「変な先公の授業」を聴いてくれた生徒たち、それを支えてくれた教師仲間、そして、そして、オンボロと新品のパソコンの狭間を右往左往する爺さんを支えてくださった、福島さんの若旦那あってこそ書けた一冊だってことも忘れてはいけないと思っている。

二〇一五年五月

著者略歴

宮岡和紀（みやおか かずき）

1940年東京都北多摩郡拝島村（現・昭島市）に生まれる

東京都立立川高等学校、上智大学卒業

東京純心女子学園、立川高等学校講師を経て、富士森高等学校等都立高等学校にて教諭を務め、定年退職

現在、田畑5反歩余を耕す農夫

著書 『千人同心往還 拝島宿の興亡』けやき出版、『秋川市史』（現代史）

翻訳 『ローラ・インガルス・ワイルダー』

多摩を耕す

2015年6月30日 第1刷発行

著 者 宮岡和紀

発行所 株式会社 けやき出版
東京都立川市柴崎町3－9－6 高野ビル
TEL042－525－9909 FAX042－524－7736
http://www.keyaki-s.co.jp

DTP ムーンライト工房

印 刷 株式会社 平河工業社

ISBN978－4－87751－542－3 C0095
JASRAC 出 1505860－501